CADMOS REITERPRAXIS

Mit Pferden spielen

Neue Ideen für
Freizeitreiter

CADMOS REITERPRAXIS

Lesen
Lernen
Wissen

Karin Tillisch

Mit Pferden spielen

Neue Ideen für Freizeitreiter

Impressum

Copyright © 2009 by Cadmos Verlag, Brunsbek

Gestaltung: Ravenstein + Partner, Verden

Satz: Grafikdesign Weber, Bremen

Fotos: Christiane Slawik

Lektorat: Anneke Bosse

Druck: Westermann Druck, Zwickau

ISBN 978-386127-567-1

Inhalt

Spaß muss sein! 9

**Wir machen doch
nur Spaß?** 10

Das Streben nach Glück
und Zufriedenheit 11

Was macht
Pferden Spaß? 12

Was macht
Menschen Spaß? 15

Wenn der Spaß
aufhört … 17

Vorsicht und Sicherheit 18

Wie lernen Pferde? 20

Spielen ist
lebenswichtig 20

Spiel oder Training? 21

Leckerli – sinnvoll
eingesetzt 22

Kreative Lernspiele 25

Spiele für Einsteiger 25

Apfel im Heuhaufen 25

Rüben stecken 26

Zauberhut 27

Der Runterschubser 28

Spiele für
Fortgeschrittene 29

Zauberteppich 29

Rotkäppchens Korb 30

Pinata, Pinata! 33

Apfel im Wasserzuber 33

Spiele für Profis 35

Such den Keks 35

Geschenketuch 36

Kippeimer 38

Kippflasche 39

**Die kleine
Trickschule** 41

Apportierspiele 42

*Apportieren eines
Gegenstandes* 42

Mützeklau 44

Jacke ausziehen 45

Ballschleuder 47

Laufspiele 49

Fanges 50

Pacing 51

Pacing mit kleinen Aufgaben 51

Torro, Torro 52

Abenteuerspielplatz
für Pferde 54

Das Podest 54

Aufsteigen auf das Podest 56

Absteigen vom Podest 57

Der Schwebebalken 58

Das Schrittchenspiel 58

Aufsteigen mit den

Vorderbeinen 59

Mit zwei Beinen auf

dem Schwebebalken 60

Weiterführende Übungen 61

Die Wippe 61

Das erste Mal auf der Wippe 61

Mit allen vieren 62

Es wackelt! 62

Richtig wippen 63

Rund und bunt:
Ballspiele 65

Leckerliball 65

Pferdefußball 66

Teufelsrad 68

Spiel und Spaß für
alle Pferde! 69

Fohlen – gut gewappnet

ins Leben 70

Jungpferde – mit Spaß

das Lernen lernen 71

Turnierpferde – Coolness

durch Abwechslung 72

Alte Pferde – Spielen

hält jung 74

Hengste – verspielte

Männer 75

Schlusswort 77

Anhang 78

Dankeschön 78

Kontakt 78

Register 79

Ob groß oder klein – spielen und Spaß haben wollen sie alle!

Spaß muss sein!

Als ich gebeten wurde, ein Buch zum Thema „Spaß mit Pferden" zu schreiben, wusste ich anfangs ehrlich nicht, was ich da denn schreiben sollte. „Das, was dir und deinen Pferden gemeinsam Spaß macht", empfahlen mir Bekannte und Freunde. Und genau da war dann der Haken, denn mir macht fast ALLES mit meinen Pferden Spaß!

Schließlich hätte ich mich nicht für dieses Hobby – und auch diesen Beruf – entschieden, wenn es mir nicht Spaß machen würde. Und dass auch meine Pferde durchaus Spaß an den vielen „Spielen" habe, die ich für sie entwickle, kann man zum Beispiel daran sehen, dass sie mir auf der Weide freudig entgegenkommen – in der Hoffnung, wir „spielen" zusammen mal wieder etwas Neues.

Das sei aber nicht bei allen Reitern so, wurde mir erklärt. Viele hätten schon lange den Spaß am Pferd verloren und würden tagein, tagaus doch nur das gleiche Programm abspulen. Eigentlich hatte ich gedacht, dass diese Monotonie bei aller Vielfalt der Reitweisen, Kursangebote, Turniere und Gurus nicht mehr so schlimm wäre wie damals vor 20 Jahren, als ich mit dem Reiten begonnen habe. Doch leider herrscht noch immer viel zu oft trostlose Langeweile beim Umgang mit dem Pferd.

Viele Reiter argumentieren gegen zu viel Abwechslung damit, dass zu viele Signale und das Mischen von Reitstilen das Pferd so sehr verwirren, dass es dann wahrlich keinen Spaß mehr an der neuen Betätigung findet. Und man muss ihnen recht geben: Montag Hohe Schule an der Hand, Dienstag Zirkustricks, Mittwoch Dressurreiten, Donnerstag Fahren, Freitag Tölttraining, Samstag Westernturnier und Sonntag Tages-Wanderritt schaffen nur echte Allroundpferde. Die Spielvorschläge und kleinen Übungen in diesem Buch jedoch lassen sich problemlos und ohne Verwirrung zu stiften in nahezu alle gängigen Ausbildungssysteme integrieren.

Es ist mittlerweile erwiesen, dass Monotonie dumm macht und auch körperlich schädlich sein kann. Nicht ohne Grund werden heutzutage in Fabriken alle 30 Minuten die Mitarbeiter an den Produktionsbändern durchgewechselt. Denn würden sie, wie es früher üblich war, jahrelang immer nur die gleiche Bewegung machen, würden sie geistig verkümmern und sich auch körperlich einseitig überlasten.

Im Spitzensport bei uns Menschen hat man längst erkannt, dass Abwechslung und neue Reize die Leistung nicht mindern, sondern extrem steigern können. Man muss natürlich bedenken, dass man das Auffassungsvermögen und die Intelligenz des Pferds fördert, wenn man es auf vielfältige Weise mit neuen Reizen konfrontiert. Und so schlimm es auch klingt: In vielen Pferdesportdisziplinen ist ein Mitdenken des Pferdes oder Intelligenz leider völlig unerwünscht.

Ausgelassenes Toben auf dem Paddock – so sieht Spaß für Pferde auch aus!

Wir machen doch nur Spaß?

Was macht unseren Pferden eigentlich Spaß? Darüber gehen die Meinungen in den verschiedenen Reitweisen und Ausbildungssystemen weit auseinander. Und natürlich sind auch nicht alle Pferde gleich – ebenso wenig wie wir Menschen.

Bestimmte Dinge machen zwar fast jedem Menschen Spaß, und so ist es auch bei den Pferden. Doch die Art und Weise, wie Pferde Spaß haben, unterscheidet sich oft recht deutlich von dem, was wir als Spaß empfinden.

Das Streben nach Glück und Zufriedenheit

Überleben, fressen und fortpflanzen – glaubt man einigen Verhaltensforschern, sind diese drei Dinge das Einzige, was unsere Pferde wirklich interessiert. Bei nüchterner Betrachtung beruht auch unser ganzes Leben auf der Erfüllung dieser drei Grundbedürfnisse. Unser Überleben sichern wir durch soziale Zusammenschlüsse (Familie, Freundeskreis, Geschäftsbeziehungen), das Fressen sichern wir durch das Geldverdienen und auch die sogenannte Liebe ist genau genommen nur eine geniale Erfindung der Natur, um uns die Fortpflanzung und damit den Erhalt der Art schmackhaft zu machen.

Dennoch dreht sich unser Leben um mehr! Wir alle streben zum Beispiel nach Glücksgefühlen. Das sind Momente, in denen unser Körper ein bestimmtes Hormon ausschüttet, das uns glücklich und zufrieden macht. Die Note 1 im Deutschaufsatz, die Platzierung auf dem Turnier oder ein „Das hast du toll gemacht" von einem lieben Menschen bescheren uns Momente des Glücks. Und wie mit allem Schönen im Leben können wir davon eigentlich nicht genug kriegen.

Auch Pferde können solche Glücksmomente erleben. Auch sie können sich freuen, wenn sie eine Lektion endlich begriffen haben und vom Reiter gelobt werden. Auch sie freuen sich über den ersten Weidegang im Frühling nach einem langen Winter. Und ich kenne sogar Pferde, die sich über Applaus oder eine Schleife freuen können.

Nur wer Spaß hat an dem, was er tut, kann dabei seine Glücksmomente finden. Pferde,

Eine vertrauensvolle Partnerschaft – ist es nicht das, was wir uns insgeheim wirklich mit unseren Pferden wünschen?

die zum Erfolg regelrecht geprügelt werden, sind eher froh, wenn sie nach der Siegerehrung endlich ihre Ruhe in der Box haben. Pferde, die allein gehalten werden, können sich auch über die schönste Weide kaum noch freuen, da sie niemanden haben, mit dem sie etwas erleben können. Und auch ein Pferd, das jeden Tag nur die gleichen Lektionen üben darf, wird sich kaum darüber freuen können, wenn nach drei Jahren des monotonen Trainings der Galoppwechsel endlich so aussieht, wie der Reiter es sich vorstellt.

Was macht Pferden Spaß?

Wenn Pferde spielen, trainieren sie damit Fähigkeiten, die ihr Überleben sichern. Sie verbessern Ausdauer, Reaktionsvermögen und Geschwindigkeit, um sich im Fall der Fälle durch eine schnelle Flucht retten zu können. Sie trainieren Geschicklichkeit, Kraft und soziales Verhalten, um ihren Rang in der Herde zu sichern und eventuell zu verbessern. Letzteres geschieht in den seltensten Fällen durch wilde Kämpfe, sondern viel

Viele Pferde sind regelrechte Spaßvögel, und sie denken sich allerlei Unfug aus, um sich den Tag ein wenig interessanter zu gestalten.

Raufen mit den Kumpels bei Wind und Wetter – das ist Spiel und Spaß aus Pferdesicht!

eher durch festgelegte Rituale, um Verletzungen zu vermeiden.

Pferde, die nicht durch jahrelanges monotones und hartes Training das selbstständige Denken aufgegeben haben, sind extrem neugierig und zu allen Schandtaten bereit. Wer Pferde in einer intakten Herde beobachten kann, wird feststellen, dass auch erwachsene Tiere dann und wann ausgiebig miteinander spielen. Meine beiden Pferde sind ganz extreme „Spieler". Sind Shadow und Starlight zusammen einige Tage und Nächte auf der Weide, kommen sie vor lauter Schabernack nicht einmal zum Schlafen.

Voller Wonne legt sich der Schimmel in die Suhle. Spätestens hier geht das Verständnis von Spaß zwischen Pferd und Besitzer deutlich auseinander ...

Wie bei uns Menschen gibt es auch bei Pferden nichts, was jedem Individuum automatisch Spaß macht. Pauschal kann man aber sagen, dass Pferde auf jeden Fall Spaß an maßvoller Abwechslung haben. Damit ist nun nicht gemeint, einem seit zehn Jahren Dressur gerittenen Pferd plötzlich einen Sliding Stop abzuverlangen. Oder den Pferdefußball auf die Weide zu den Pferden zu werfen und dann zu hoffen, dass sie diesen schon

Auch das Zerbeißen von Luftballons kann offensichtlich richtig Spaß machen!

Viele Bewegungen aus dem natürlichen Spiel sind zugleich Elemente der späteren Ausbildung.

toll finden werden. In diesem Fall werden die Pferde eher vor dem neuen Gegenstand flüchten. Es gibt sogar Menschen, die ihre Pferde beim Freilauf dergestalt in Bewegung setzen, dass sie mit Gymnastikbällen nach ihnen werfen. Die Besitzer finden es toll, wenn ihre Pferde mit hochgerecktem Schweif und raumgreifendem Galopp losspurten. Solche Spiele mögen dem Menschen als Raubtier Spaß machen, dessen Herz evolutionsbedingt immer schneller schlägt, wenn etwas wegrennt. Doch für das Pferd sind sie nichts weiter als höchst ungesunder Stress.

Hier findet wohl nur einer das Spiel wirklich lustig.

Ein Galopp am Strand – das ist sicherlich für viele Reiter die Idealvorstellung von Spaß.

Was macht Menschen Spaß?

Man muss es sich einfach immer wieder bewusst machen: Menschen sind Raubtiere. Auch das, was wir als Spiel und Spaß bezeichnen, zeigt deutlich das vom Raubtierdenken geprägte Muster.

Menschen – insbesondere Männer – lieben alles, was schnell ist. Evolutionsbedingt ist eher der Mann der Jäger als die Frau. Aus dem uralten Wunsch des Jägers, das Wild leichter und schneller zur Strecke zu bringen, entwickelte sich das Faible der heutigen Männerwelt für Wettrennen jeglicher Art, Autos, Flugzeuge und so weiter. Das zweite Hauptanliegen des Jägers besteht darin, die Effektivität seiner Jagdstrategie zu erhöhen. Dies kann er durch größere Kraft (die der Mann von heute im Fitnessstudio zu erlangen sucht) sowie durch bessere Waffen und den gekonnten Umgang mit diesen erreichen.

Menschen lieben es, sich im Wettkampf zu messen. Was früher absolut notwendig war, um den Anführer der Gruppe oder den besten Jäger zu ermitteln, dient heute der Sicherung des Ansehens und der Verbesserung des sozialen Status. Heute kann ein Mann sein Können und seinen Mut nicht mehr beweisen, indem er ein Mammut erlegt. Aber das

Beherrschen anderer Kraft gilt immer noch als Zeichen großer Überlegenheit. Und bis heute werden Gewinner von Wettkämpfen als Helden gefeiert.

Allerdings sind unsere „Spiele" wesentlich aggressiver als die der Pferde. Während Fohlen einfach nur Wettrennen veranstalten, gehen unsere Vierjährigen schon mit Holzschwertern aufeinander los. Unter dem Motto „Kinder müssen sich durchsetzen lernen" wird der Wettkampf schon unter Kleinstkindern gefördert – mit der Absicht, sie auf die Ellenbogengesellschaft vorzubereiten, in der Werte wie Edelmut, Fairness und Mitleid leider oft als Schwäche gelten.

Von klein auf werden viele von uns auch beim Reiten auf Wettkampf getrimmt, bei dem das Pferd einfach nur noch Mittel zum Zweck ist. Wer sich auf kleinen Turnieren mal die Springprüfungen für Jugendliche ansieht, wird verstehen, was ich meine.

Menschen scheuten sich noch nie, ihrem Gegenüber wissentlich Schmerzen zuzufügen oder gar zu töten, um dadurch einen Vorteil zu erlangen. Als Raubtier muss der Mensch neben Kraft, Intelligenz und Geschicklichkeit auch ein gewisses Maß an Skrupellosigkeit mitbringen. Diese muss sich nicht immer nur bei körperlichen Auseinandersetzungen zeigen, sondern kann auch in psychischem Druck bestehen – Beispiel Mobbing.

Die meisten Spiele für Menschen und das, was ihnen Spaß macht, entsprechen diesem Muster. Im Endeffekt geht es darum, auf die eine oder andere Weise die Oberhand über etwas oder jemanden zu gewinnen oder in irgendeiner Form Beute zu machen.

Das Einstudierte vor großem Publikum zeigen – das kann Pferd und Mensch gemeinsam Spaß machen, wenn die Pferde gewaltfrei und ohne Stress auf diese Aufgabe vorbereitet werden. Diese Vorführung hier ist allerdings nur etwas für Profis!

Wenn der Spaß aufhört ...

Meist ist es das Pferd, dem der Spaß beim Miteinander mit dem Menschen als Erstes vergeht. Das liegt daran, dass viele Menschen einfach nicht verstehen, dass das, was ihnen Spaß macht, für das Pferd absoluten Stress bedeutet. Ich will nicht sagen, dass Pferde prinzipiell keinen Spaß an Turnieren haben können – aber bei gut 90 Prozent aller Turnierpferde dürfte es wohl so sein. Man braucht sich nur auf den Abreiteplätzen umzusehen. Ein Pferd, das in der Mittagshitze mit scharfer Zäumung und Sporen „zusammengeknechtet" wird, wird auch später in der Arena am Jubel der Zuschauer sicherlich keinen Spaß haben. Auch Pferde, die nicht auf die besonderen Eindrücke, vor allem durch Lärm, vorbereitet werden, erleben das Turnier als Stress. Umzingelt von den Zuschauern als laut grölenden Raubtieren und vielleicht auch noch mit Leistungsüberforderung werden sie unsicher. Greift der Reiter dann zur Peitsche oder setzt energisch die Sporen ein, ist das Vertrauensverhältnis meist völlig dahin. Unter „Spaß haben" verstehe ich etwas anderes!

Übersteigerter Ehrgeiz hat im Umgang mit Pferden nichts verloren!

Daher hört für mich der Spaß immer genau dann auf, wenn meine Pferde auf den Shows doch mal Angst bekommen. Dann ist es für mich absolut selbstverständlich, entweder die Show abzubrechen oder den Ablauf so zu verändern, dass die Veranstaltung für meine Pferde wieder zu einem schönen Erlebnis wird.

Wenn ein Pferd unruhig oder ängstlich wird, kann man natürlich erst einmal versuchen, das Pferd wieder zu beruhigen, und dann noch einmal ohne Druck an die neue Aufgabe heranführen. Gelingt diese dann doch, hat auch das Pferd ein Glücksgefühl, da es seine Angst besiegen konnte. Das baut das Selbstbewusstsein des Pferdes ungemein auf.

Menschen neigen aber eher dazu, in solch einem Augenblick härter durchzugreifen und das Pferd zu etwas zu zwingen. Meist geschieht dies ganz unbewusst, da in diesem Augenblick der Mensch in einem regelrechten Rausch ist und gar nicht mehr so genau weiß, was er da tut. Man will unbedingt gewinnen, koste es, was es wolle. Zwar erntet mittlerweile auch der Reiter, der zum Wohle seines Pferdes einen Turnierritt abbricht, einen anerkennenden Applaus. Die Fotos und der Zeitungsartikel und damit die öffentliche Anerkennung gebühren aber immer dem Sieger.

Leider findet man das Phänomen der „Spaßgesellschaft" aber nicht mehr nur auf den Turnierplätzen, sondern auch auf Pferdeshows. Seit die Zirkustrainer wie Pilze aus dem Boden schießen, wollen immer mehr Pferdefreunde mit ihren Vierbeinern durch Shows beeindrucken. Doch auch hier werden manche geradezu überambitioniert, was immer zulasten des Pferdes geht. Und bei Kursen im Bereich Bodenarbeit und Zirkuslektionen, die fälschlicherweise als „Spaßkurse"

Auch wenn die Kinder im Reitstall ihren Spaß haben – bei solchen Haltungsverhältnissen darf man nicht wegschauen! Denn hier geht der Spaß der Reiter eindeutig auf Kosten des Pferdes.

beworben werden, erlangen einige Trainer durch eine gewisse Überambition zweifelhaften Ruf. Anstatt nach Alternativen für jenes Pferd zu suchen, das einfach Angst hat, sich ins Kompliment sinken zu lassen, kommt dann oft reine Körperkraft ins Spiel.

Bevor man sich zu einem Kurs anmeldet, sollte man sich genauestens über den Kursleiter informieren – nicht jeder, der mit „pferdefreundlich" wirbt, ist es auch. Wer bereits einen großen Namen hat, neigt manchmal dazu, sich selbst untreu zu werden. Anstatt Pferd und Mensch wirklich zu helfen, geht es nur noch um den Profit. Manche, die denken, sie gehören schon zu den ganz Großen, legen auch eine gewisse Gleichgültigkeit an den Tag und ziehen ihr Standardprogramm einfach gnadenlos durch. Newcomer hingegen stehen oft unter einem immensen, durchaus selbst gemachten Erfolgsdruck und glauben, besser, schneller und günstiger als die Gurus sein zu müssen. Wenn dies auf mangelnde Erfahrung und ungenügendes Fachwissen trifft, können katastrophale Ergebnisse die Folge sein.

Vorsicht und Sicherheit

Spiel und Spaß bedeutet auch, für die Sicherheit aller Beteiligten zu sorgen und Verletzungen zu vermeiden. Deshalb hier ein paar Hinweise für sicheres Spielen:

✿ Alle in diesem Buch vorgestellten Spiele sollten Sie Ihrem Pferd stets nur in Ihrem Beisein offerieren. Wer seinem

Pferd einfach einen Haufen Spielzeug in die Box hängt, wird ihm keinen Gefallen tun – im Gegenteil. Zum einen besteht dann ein Verletzungsrisiko, und zum anderen ist das Spielen ohne Spielpartner extrem langweilig.

Solche Spiele mit dem Feuer sollte man den Profis überlassen.

🎯 Spielen Sie nie mit dem Pferd in seiner Box, seinem Paddock oder auf seiner Weide. Diese Bereiche erachte ich als die Privatsphäre des Pferdes, in der es seine Ruhe haben soll.

🎯 Ideal zum Spielen ist ein kleiner, sicher umzäunter Platz. Ein Round Pen, ein kleines Stückchen Wiese oder ein speziell angelegter „Spielplatz" eignen sich hierfür ideal. Wer Zeit und Geld in einen Platz mit gutem Untergrund und fester Umzäunung investiert, hat jahrelang etwas davon.

🎯 Bei der Anordnung der Spielgeräte ist unbedingt auf ausreichende Abstände zu achten. „Turngeräte" wie Wippe, Schwebebalken und Podest sollten mit mindestens zwei Metern Abstand zum Zaun aufgestellt werden, da sonst die Verletzungsgefahr hoch ist.

🎯 Alle Spielsachen für das Pferd müssen aus ungiftigem Material sein und dürfen weder scharfe Kanten haben noch so klein sein, dass das Pferd sie versehentlich verschlucken könnte.

🎯 Tragen Sie selbst beim Spielen stets festes Schuhwerk und zweckmäßige Kleidung.

🎯 Sorgen Sie für eine ruhige Spielatmosphäre. Wer versucht, sein Pferd in einer vollen Reithalle das erste Mal auf eine Wippe zu führen, kann böse Überra-

schungen erleben. Pferde brauchen zum Lernen genau wie wir Menschen ein ruhiges Umfeld, in dem sie sich wohl- und sicher fühlen.

🎯 Druck und Leistungszwang haben beim Spiel nichts verloren! Sobald Druck ausgeübt wird und der Mensch den Erfolg des Spiels herbeiführen will, ist es für das Pferd eigentlich kein Spiel mehr. Deshalb sollten Sie sich beim Spielen zuallererst von Ihrer Armbanduhr verabschieden. Unter Zeitdruck kann mit Pferden nichts gelingen, da sie nach einem völlig anderen Rhythmus leben und handeln als wir Menschen.

🎯 Für das Pferd sollte der Gang auf den Spielplatz ein absolutes Highlight sein. Wer sich Zeit dafür nimmt, nach erfolgreich absolvierter Dressurübung oder artigem Longieren noch mal ein paar Minuten mit seinem Pferd zu spielen, macht sich selbst nicht viel Arbeit und gibt seinem Pferd einen enormen Motivationsschub! Nur ein voll motiviertes, zufriedenes und körperlich und seelisch positiv ausgelastetes Pferd ist zu Höchstleistungen fähig.

Im intakten Herdenverband lernen junge Pferde spielerisch lebenswichtige Verhaltensmuster.

Wie lernen Pferde?

Säugetiere werden nicht mit einem genetisch vorprogrammierten Verhalten geboren. Manche Instinkte sind zwar genetisch verankert, aber ich würde sagen, gut 75 Prozent seiner späteren Fertigkeiten lernt ein Pferd durch Imitation der älteren Artgenossen und durchs Spielen.

Spielen ist lebenswichtig

Damit ein Pferd sich körperlich und geistig entwickeln sowie gesund und leistungsfähig bleiben kann, ist das Spielen sehr wichtig. Für Pferde ist ebenso wie für uns Menschen das Spiel, in welcher Form auch immer, ein Grundbedürfnis – zum Abbau von Stress, zum Erleben von Glücks- und Erfolgsmomenten und nicht zuletzt zur Pflege sozialer Kontakte.

Auch meine beiden Pferde sind da keine Ausnahme. So imitiert der Jüngere gern und ohne Vorbehalt das Verhalten des Älteren. In der Interaktion entwickeln die beiden eigene Spiele wie das „Wettlaufen": Hierbei steigen beide auf die Hinterbeine und laufen dann aufeinander zu. Wer als Erster umkippt, scheint verloren zu haben und darf vom Gewinner gejagt werden. Aber auch mit einer Pylone, die irgendwie mal auf die Weide gelangte, wurde zusammen gespielt. Shadow zeigte Starlight, wie man die Pylone hochhebt und wegwirft. Starlight machte natürlich gleich begeistert mit, und so sah man, wie sich beide Pferde etliche Minuten lang die Pylone gegenseitig vor die Füße warfen.

Uns Menschen werden unsere Pferde nie imiticrcn. Doch wenn wir mit ihnen gezielt spielen und sie mit uns gemeinsam Spaß haben, werden sie uns zumindest als angenehme Zeitgenossen empfinden. Und natürlich können wir sie durch gezielte Spiele auch auf spätere Aufgaben vorbereiten und ihr Vertrauen zu uns festigen.

Wie bereits erwähnt: Spielzeug hat meiner Meinung nach in einer Box, die ja eine Ruhezone für das Pferd sein soll, nichts verloren. Bei artgerechter Haltung mit mehrstündigem Auslauf am Tag und einem abwechslungsreichen Trainingsprogramm braucht man auch keinen Lutschstein oder teuren Pferdeball in die Box zu hängen. Mit diesem Pferdespielzeug beruhigt meist ein etwas fauler Besitzer nur sein Gewissen, da er fälschlicherweise denkt, das Pferd habe nun ja eine interessante Beschäftigung.

Interessant ist, dass Pferden vor allem diejenigen Spiele, bei denen nicht nur der Körper, sondern auch der Geist gefordert wird, großen Spaß zu machen scheinen. Wenn ich mit meinen Pferden spiele, lasse ich ihnen auch immer die Möglichkeit, die Lektion selbst zu entdecken. Ich bin hierbei meist eher passiv und gebe den Pferden nur dann eine Hilfestellung, wenn sie dies explizit wollen. Und je besser das Verhältnis zwischen Ihnen und Ihrem Pferd ist, umso eher wird es Sie um Ihre Hilfe ersuchen. Schließlich fragt man ja nur jemanden um Rat oder Beistand, von dem man eine hohe Meinung hat!

Spiel oder Training?

Ein Spiel ist stets eine freiwillige Aktion eines oder mehrerer Individuen. Jeder Beteiligte kann das Spiel jederzeit abbrechen, ohne mit Konsequenzen rechnen zu müssen. Nur dann kann man wirklich von einem Spiel reden!

Vor diesem Hintergrund erscheinen manche „Spiele" für Pferde dann gar nicht mehr als solche. Sobald der Mensch in irgendeiner Form Druck ausübt, geht der echte Spielcharakter verloren. Auch in diesem Buch sind zwei Kategorien von Spielen zu finden: die „echten Spiele", die Sie im Kapitel „Kreative Lernspiele" finden (ab Seite 25), und die „Trainingsspiele" (Kapitel „Trickschule" ab Seite 41). Bei den kreativen Lernspielen in diesem Buch kann das Pferd nicht das Verhalten eines Artgenossen imitieren, sondern wird nach dem Muster „Versuch und Irrtum" die Spiele bewältigen. Das A und O hierbei ist immer, dass das Spiel völlig ohne Erwartungsdruck stattfindet. Denn nur so hat das Pferd die Möglichkeit, sich wirklich damit auseinanderzusetzen und zu eigenen Erfolgen zu kommen.

Bei den „Trainingsspielen" lernt das Pferd mit Ihrer Hilfe eine bestimmte Lektion oder ein Bewegungsmuster kennen. Es kann hieran ebenso viel Spaß finden wie an den

Shadow und ich spielen „Fanges". Auch wenn ich ihm dieses Spiel erst in einigen Übungsschritten erklären musste – das Endresultat kann nur auf völlig freiwilliger Basis erfolgen. Wenn er keine Lust hat, hat er keine Lust. Zwang oder Leistungsdruck haben in einem Spiel nichts verloren.

„echten" Spielen. Vorraussetzung ist aber, dass das Einstudieren von Wippe, Schwebebalken, Tricks und Co. völlig ohne Druck erfolgt.

Leckerli – sinnvoll eingesetzt

Auf meinen Kursen stelle ich immer öfter fest, dass viele Freizeitreiter eher gegen Leckerligaben sind. Die Angst, dass das Pferd nach den Leckereien gieren könnte, dass es schnappt und schubst, ist relativ hoch.

Doch es ist nie das Leckerli, durch das ein Pferd zu solch rüpelhaftem Verhalten animiert wird, sondern der oft inkonsequente Besitzer. Leckerli können – richtig angewandt – den Lernprozess des Pferdes extrem beschleunigen. Dann nämlich, wenn sie als positiver Verstärker für erwünschtes Verhalten dosiert eingesetzt werden.

Dabei ist es extrem wichtig, sie unverzüglich nach dem erwünschten Verhalten zu geben. Wenn Ihr Pferd also beispielsweise auf das Podest steigt, loben Sie es mit Stimme und Streicheln und geben dann als Verstärker binnen weniger Sekunden noch ein Leckerli. So wird es das Podest stets mit etwas Positivem verbinden und Spaß an dieser Übung finden.

Im Laufe des Trainings werden die Leckerligaben wieder reduziert, sodass das Pferd, wenn es die Lektion begriffen hat und sie gut beherrscht, nur noch für außerordentlich gute Leistung ein Leckerli bekommt. Wer dem Pferd allerdings die Leckerli erst am Ende der Trainingseinheit einfach in den Futtertrog schüttet, der erzielt nicht den gewünschten Effekt, da das Pferd die Belohnung dann nicht mehr mit seinem Verhalten verknüpfen kann.

Es gibt Pferde, die versuchen, auch auf anderem Weg an die Leckereien zu kommen – indem sie den Menschen erpressen. Da wird dann die Lektion hastig oder schlampig ausgeführt und das Leckerli vehement eingefordert. Dieses unerwünschte Verhalten darf dann auf keinen Fall belohnt werden! Ignorieren Sie Ihr Pferd einfach, wenn es zu frech wird, und weisen Sie es mit ein paar gezielten Bodenübungen (siehe zum Beispiel in meinem Buch „Kreative Bodenarbeit") auf seinen Platz in der Rangfolge zurück. Das Pferd wird so sehr schnell lernen, dass Sie entscheiden, wann es ein Leckerli bekommt, da Sie im Rang über dem Pferd stehen.

Leckerli müssen übrigens nicht teuer sein, und Produkte mit Vitaminzusätzen sind sogar eher kontraproduktiv, da die Gefahr einer unkontrollierten Überversorgung besteht. Auch einfachere Sorten schmecken den Pferden oft sehr gut – Sie werden schnell herausfinden, welches Leckerli Ihr Pferd favorisiert. Gesunde Alternativen sind klein

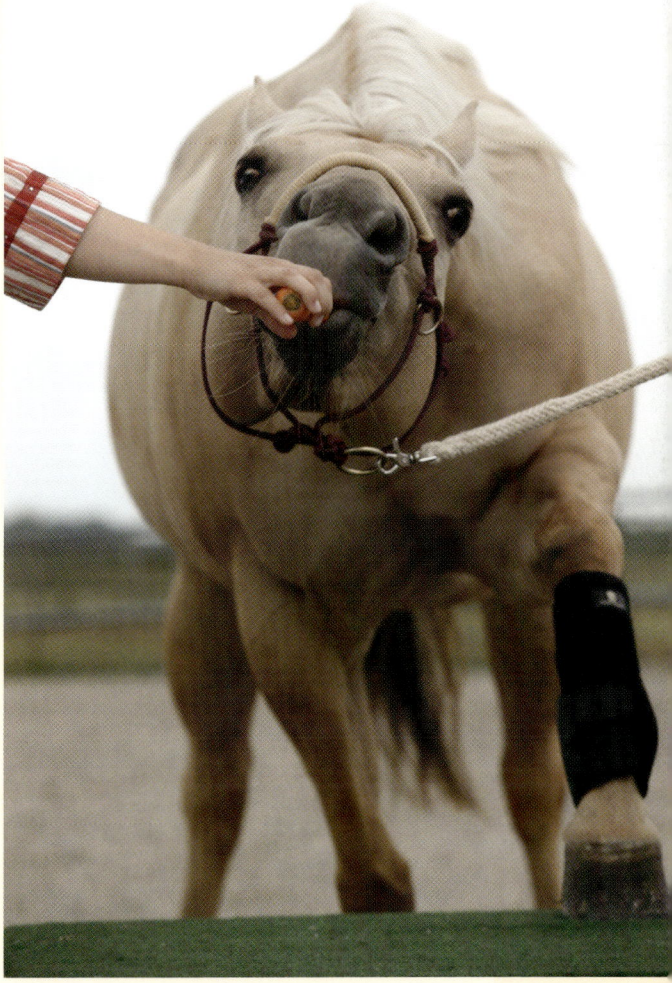

Starlights große Schwester Hollywoods Sunflower bei ihrem ersten Aufstieg aufs Podest. Sobald beide Vorderbeine oben sind, erhält sie sofort die Karotte und verbindet somit das Podest gleich von Anfang an mit etwas Positivem.

geschnittene Karotten, Bananenchips und trockene Apfelringe (ungeschwefelt), und ab und zu kann man auch altbackenes Brot in handliche Würfel schneiden, komplett durchtrocknen und als Leckerliersatz verwenden.

Appaloosa-Stute Kitty ist auf der Suche nach den versteckten Karotten.

Kreative Lernspiele

Wie alle Säugetiere lernen auch Pferde durch Spielen und Imitation der erwachsenen Artgenossen. Das Spiel fördert die seelische Ausgeglichenheit, hilft beim Abbau von Aggressionen und angestauter Energie und schafft Erfolgserlebnisse.

Mithilfe der in diesem Kapitel beschriebenen Spiele können Sie bewirken, dass das Pferd Ihre Gegenwart als etwas Positives und Spannendes wahrnimmt. Salopp gesagt: „Wenn der Mensch da ist, macht's Spaß". Der Übergang vom zwanglosen Spiel hin zum spielerischen Einüben eines gewünschten Verhaltensmusters oder einer Lektion kann dabei fließend erfolgen.

Die Spiele sind in Schwierigkeitsgrade eingeteilt:

1 = sehr leicht
2 = leicht
3 = leicht anspruchsvoll
4 = anspruchsvoll
5 = für Geübte
6 = knifflig

Spiele für Einsteiger

Apfel im Heuhaufen

Ort: Reitplatz, Spielpaddock oder Round Pen, Abstand vom Zaun mindestens 2 Meter
Material: 1 Schubkarre mit Heu oder Stroh, 3–4 Äpfel
Aufbauzeit: circa 10 Minuten
Schwierigkeitsgrad: 1

Starlights Mutter Blue auf der Suche nach dem Apfel: „Aha, da wird etwas versteckt."

„Lass mich mal gucken …"

„Wow, leckeres Spiel!"

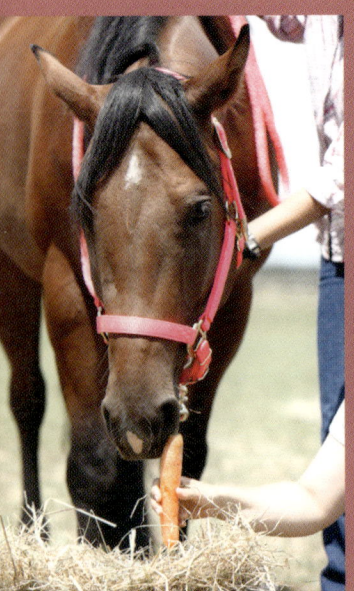

Zeigen Sie dem Pferd deutlich die Karotte …

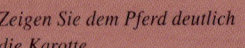

… bevor Sie sie fest in den Heuzuber stecken und mit etwas Heu bedecken.

Dieses Spiel lässt sich ideal in einer Ecke des Spielplatzes aufbauen. Schichten Sie einen kleinen Heuhaufen etwa 2 Meter von der Umzäumung entfernt auf. Bewaffnen Sie sich mit einigen Äpfeln und bitten Sie dann einen Helfer, Ihr Pferd an den Heuhaufen zu führen.

Verstecken Sie vor den Augen des Pferdes einen Apfel tief im Heuhaufen. Dann kann der Helfer das Pferd heranführen.

Wichtig bei diesem Spiel ist, dass das Pferd selbstständig den Apfel finden soll. Durch dieses erste, simple Spiel lernt es schon, dass man manchmal nach leckeren Sachen etwas suchen muss!

Rüben stecken

Ort: Reitplatz, Spielpaddock oder Round Pen, Abstand vom Zaun mindestens 2 Meter
Material: 1 fest mit Heu gestopfter Zuber (Baumarkt), 5–6 große Karotten
Aufbauzeit: circa 10 Minuten
Schwierigkeitsgrad: 1–2

Eine Steigerung der ersten Übung mit dem Apfel: Platzieren Sie den mit Heu gefüllten Zuber so, dass das Pferd von allen Seiten problemlos herantreten kann. Dann führt ein Helfer das Pferd an den Zuber heran. Zeigen Sie dem Pferd die Karotte, stecken Sie sie dann tief ins Heu und bedecken Sie sie auch ein wenig. Im Gegensatz zum Heuhaufen kann das Pferd das nun fester geschichtete Heu nicht einfach beiseiteschieben, sondern muss gezielt mit den Lippen nach der Karotte forsten.

Zauberhut

Ort: Reitplatz, Spielpaddock oder Round Pen, Abstand vom Zaun mindestens 2 Meter

Führen Sie das Pferd an den Heuzuber heran und ermutigen Sie es zu schnuppern.

Kitty forscht nach den Karotten …

… und wird fündig!

Material: 1 Pylone oder 1 Eimer mit kleinen Löchern im Boden, 1 alter Teppich, kleine Leckerli oder Karottenstückchen
Aufbauzeit: circa 10 Minuten
Schwierigkeitsgrad: 2

Legen Sie den Teppich auf den Boden. Darauf legen Sie einige Leckerli oder als gesündere Alternative am besten klein geschnittene Karotten oder Äpfel auf einen kleinen Haufen.

Ehe Ihr Pferd nun die Leckereien einfach einheimsen kann, stellen Sie die Pylone oder den Eimer darüber. Durch das Loch oben in der Pylone oder durch die kleinen Löcher im Eimer kann das Pferd die Leckereien durchaus noch riechen – und muss sich nun Gedanken darüber machen, wie es da herankommt!

Zu Beginn können Sie es Ihrem Pferd auch etwas leichter machen, indem Sie an die Kannte der Pylone einen kleinen Keil schieben, der diese etwas anhebt. So braucht das Pferd zu Beginn nur mit der Nase oder den Hufen dagegenzustupsen und kommt leicht an die Leckereien heran.

Das Pferd lernt auf diese Weise auf einfache Art zu kombinieren. Später kann aus diesem Spiel sogar ein gezielter Zirkustrick gemacht werden. Der Teppich wird später übrigens auch für das Spiel „Zauberteppich" (siehe Seite 29) verwendet.

Zuerst versucht Sunflower die Lektion mit der bereits vertrauten Pylone.

„Hm, wie komm ich da nun dran?"

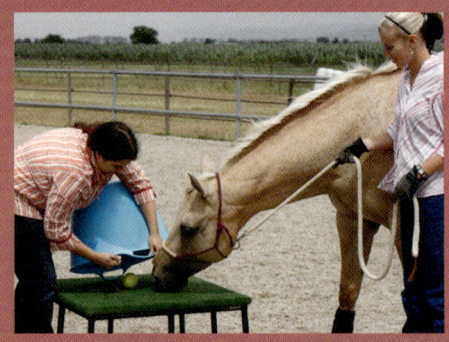

Jetzt wird's schwieriger: Der Futtereimer kommt.

„Da drunter ist was Leckeres – aber wie erwische ich den Apfel?"

Der Runterschubser

Ort: Reitplatz, Spielpaddock oder Round Pen, Abstand vom Zaun mindestens 2 Meter
Material: 1 stabiler Futtereimer oder 1 Pylone, 1 Podest (siehe Bauanleitung auf Seite 55), kleine Leckerli oder Karottenstückchen
Aufbauzeit: circa 10 Minuten
Schwierigkeitsgrad: 2–3

Das Prinzip dieses Spiels ist dem Zauberhutspiel sehr ähnlich. Doch mit dieser neuen Variante können Sie das Pferd auch schon spielerisch mit dem Podest, das später noch kommt, vertraut machen. Des Weiteren wird ein spielerisches Anti-Schreck-Training durchgeführt, da der Gegenstand vom Podest herunterfällt.

Die Pylone fällt geräuschvoll auf das Podest, doch Sunflower hat sofort ihre positive Assoziation durch den selbst verdienten Apfel.

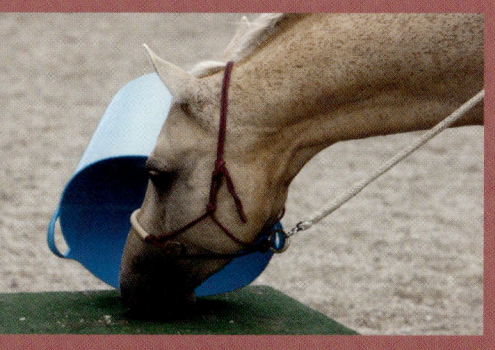

Der Eimer fällt vom Podest – Sunflower bleibt cool und hat wieder ihre positive Assoziation durch den selbst verdienten Apfel.

Legen Sie einige Leckerli auf das Podest und lassen Sie das Pferd davon naschen. Bitten Sie dann einen Helfer, das Pferd einen Schritt zurückzuschieben, legen Sie erneut Leckereien auf das Podest und stellen dann die Pylone oder den Eimer darauf. Lassen Sie nun das Pferd herantreten und selbstständig einen Weg an die Leckerli finden.

Auf diese Weise wird es ganz spielerisch seine Angst vor polternden oder herunterfallenden Gegenständen verlieren und auch das Podest schon von Anfang an mit etwas Positivem verbinden.

Spiele für Fortgeschrittene

Zauberteppich

Ort: Reitplatz, Spielpaddock oder Round Pen, Abstand vom Zaun mindestens 2 Meter
Material: 1 alter Teppich, der sich gut aufrollen lässt, kleine Leckerli oder trockene Brotstücke, 2–3 Karotten oder Äpfel
Aufbauzeit: circa 10 Minuten
Schwierigkeitsgrad: 3

Der Zauberteppich ist eine recht simple Futterdressur, die aber jedem Pferd Spaß macht. Besorgen Sie sich hierfür einen alten, kleinen Teppich von etwa einem Meter Breite und mindestens zwei Metern Länge. Außerdem benötigen Sie trockenes, klein gebröseltes Brot oder Leckerli. Als „Jackpot" brauchen Sie pro Durchgang dann jeweils einen Apfel oder eine Karotte.

Legen Sie den Teppich zunächst vor dem Pferd auf den Boden und lassen Sie es daran schnuppern. Dann legen Sie vor den Augen des Pferdes in die Mitte des Teppichs eine Reihe mit Leckereien. Achten Sie darauf, dass Ihr Pferd Ihnen die Sachen nicht gleich wegschnappt. Lassen Sie es aber dennoch genau sehen, dass Sie die Leckerli dort hinlegen. Am Ende des Teppichs platzieren Sie dann den Apfel oder die Karotte als

Aufmerksam beobachtet Starlight, wie Ingo die leckeren Kekse verteilt …

… und dann verschwinden lässt.

Begeistert schubst er die Teppichrolle auf und holt sich seine Belohnung.

„Hauptpreis". Rollen Sie nun den Teppich langsam in Richtung des Pferdes auf, lassen ihn am Ende aber ein kleines Stückchen offen, damit das Pferd einen Ansatzpunkt hat. In diesen Ansatzpunkt schieben Sie nun eine etwas größere Leckerei recht tief hinein, sodass nur noch der Zipfel herausschaut. Zeigen Sie Ihrem Pferd die Leckerei und geben Sie ein Stimmkommando.

Das Pferd wird das Leckerli erhaschen und dabei automatisch mit der Nase den Teppich ein Stück aufschubsen. So kommt dann bereits das nächste Leckerli zum Vorschein, was Ihr Pferd nun sicherlich auch begeistert aufnehmen wird.

So wird es dann seinen ganzen „Zauberteppich" leer futtern. Im Laufe des „Trainings" legen Sie dann immer weniger Leckerli in den Teppich, bis am Ende des Teppichs dann nur noch eine große Leckerei, vielleicht eine ganze Karotte, liegt, die das Pferd nur dann erreichen kann, wenn es den ganzen Teppich aufrollt.

Starlight ist immer noch ganz begeistert von diesem Spiel. Shadow hingegen entdeckte schon nach wenigen Tagen einen einfacheren Weg, an die geliebten Leckereien heranzukommen: Er hob den Teppich einfach hoch und schüttelte ihn aus! Womit wir dann beim Apportieren wären …

Rotkäppchens Korb

Ort: Reitplatz, Spielpaddock oder Round Pen, Abstand vom Zaun mindestens 2 Meter
Material: 1 stabiler Weidenkorb oder großer flacher Futtereimer, 1 stabile Decke, kleine Leckerli, 2–3 Karotten oder Äpfel
Aufbauzeit: circa 10 Minuten
Schwierigkeitsgrad: 3

Es ist angerichtet.

Aufmerksam beobachtet Shetty Opa Balou, wie Ingo die leckeren Sachen versteckt.

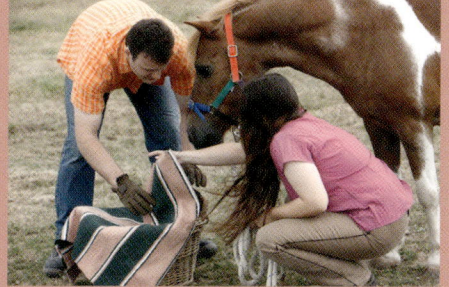

Dann zeigen wir ihm, dass unter dem Tuch immer noch alle feinen Sachen warten.

„Kann ich da meine Nase reinstecken?"

„Jackpot!"

Eine lecker gefüllte Pferde-Pinata.

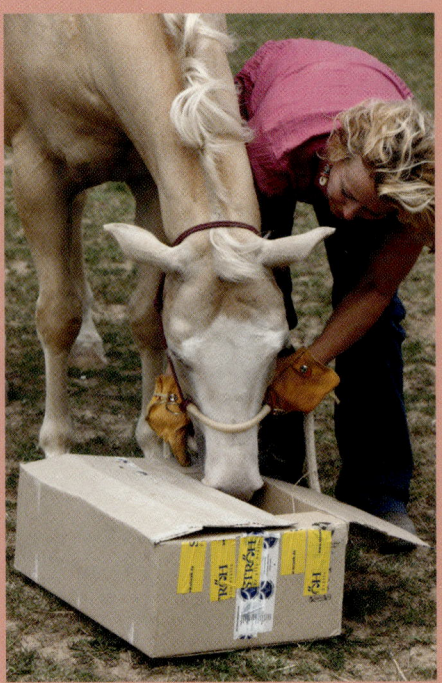

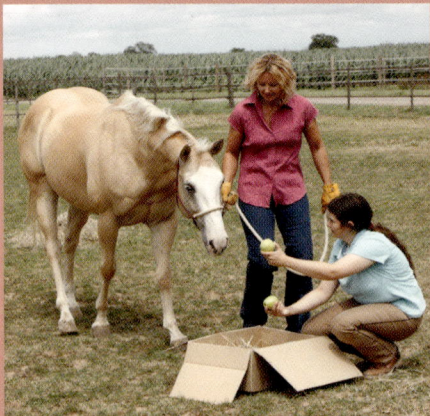

„Aha, so geht das!"

Speedy beobachtet höchst interessiert, wie ich die Äpfel im Karton verschwinden lasse.

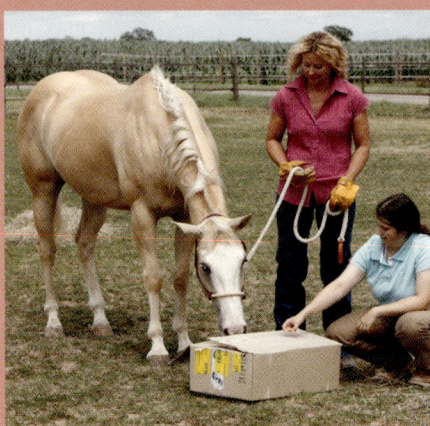

„Und wie komme ich da jetzt ran?"
Katja hilft Speedy ein wenig, die erste Lasche beiseitezuschieben.

Speedy hat das neue Spiel verstanden und schiebt voller Eifer die Laschen weg, um an seine Leckereien zu kommen.

Anstatt eines guten (und teuren!) Weidenkorbes kann man für dieses Spiel auch eine große und flache, splitterfeste Futterschüssel verwenden, die es aus Hartgummi in jedem guten Pferdeversandhaus gibt.

In diesen Korb legen Sie einige unwiderstehliche und gesunde Leckereien für Ihr Pferd, während es Ihnen dabei zusieht. Dann breiten Sie über den Korb ein großes Geschirrtuch, eine Navajodecke oder einen alten Kopfkissenbezug ohne Knöpfe oder Reißverschluss aus, sodass der Korb komplett abgedeckt wird. Zu Beginn legen Sie das Tuch so, dass ein kleiner Spalt am Rand bleibt, der es dem Pferd das erste Mal leichter macht, an die Leckereien heranzukommen.

Pinata, Pinata!

Ort: Reitplatz, Spielpaddock oder Round Pen, Abstand vom Zaun mindestens 2 Meter
Material: 1 großer Karton, Heu, kleine Leckerli, 2–3 Karotten oder Äpfel
Aufbauzeit: circa 10 Minuten
Schwierigkeitsgrad: 3–4

Kleiden Sie den Karton mit etwas Heu aus und legen Sie dann einige Karotten und Äpfel hinein, die Sie mit Heu bedecken. Ein Helfer führt dann Ihr Pferd herbei. Zeigen Sie dem Pferd deutlich, wie Sie einen Apfel oder ein Leckerli noch in den Karton legen. Klappen Sie dann zuerst eine Seite des Kartons zu und lassen Sie das Pferd herantreten. Den Schwierigkeitsgrad können Sie steigern, indem Sie später zwei, drei oder alle vier Seiten des Kartons zuklappen.

Apfel im Wasserzuber

Ort: Reitplatz, Spielpaddock oder Round Pen, Abstand vom Zaun mindestens 2 Meter
Material: 1 stabiler, hoher, bis zum Rand gefüllter Wasserzuber, 1 Apfel
Aufbauzeit: circa 5 Minuten
Schwierigkeitsgrad: 4

Lassen Sie Ihr Pferd an den Wasserzuber herantreten und zeigen Sie ihm dann den Apfel. Sobald es anfängt, nach dem Apfel zu schnappen, legen Sie diesen ins Wasser und lassen das Pferd versuchen, ihn zu erhaschen.

Tipp: Zu Beginn den Zuber nicht ganz füllen, sondern nur etwa 30 Zentimeter hoch. So kann das Pferd den Apfel zunächst einfach auf den Boden drücken und herausholen. Auch tut man dem Pferd am Anfang einen großen Gefallen, wenn man zuerst selbst ein Stück vom Apfel abbeißt, sodass das Pferd eine „Angriffsfläche" hat und der Apfel nicht so leicht wegrutscht.

Der Schwierigkeitsgrad nimmt mit der Höhe des Wasserpegels zu. Um Frust beim Pferd zu vermeiden, muss es am Ende des Spiels auf jeden Fall den Apfel auch bekommen!

Wer einen besonders kreativen Vierbeiner sein Eigen nennt, muss damit rechnen, dass dieser die Lösung des Problems darin sieht, den Eimer einfach umzuwerfen. Ein „Fehler" ist dies natürlich nicht, denn auch in diesem Fall hat das Pferd selbstständig einen Weg gefunden, um den Apfel zu bekommen. Man sollte dann vielleicht nur Gummistiefel tragen und das Spiel an einem

Blue hat ihre „Beute" erspäht …

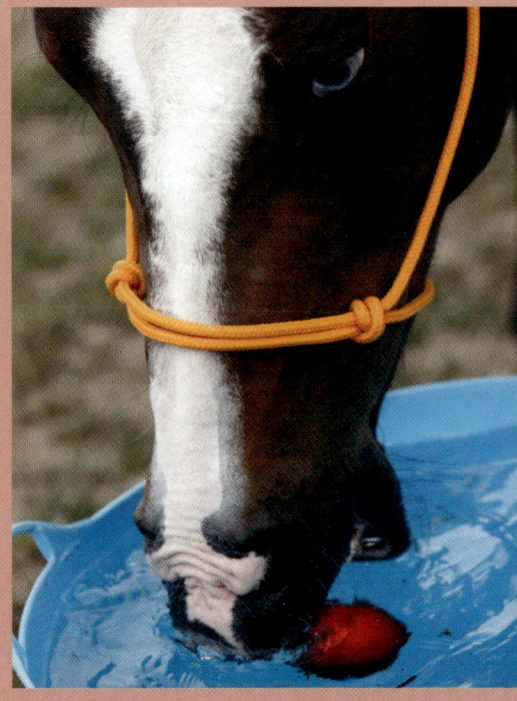

… doch die hüpft beim ersten Versuch einfach weg!

„Bäh, wieder nur Wasser!"

Der erste „Einkesselversuch" scheitert noch, …

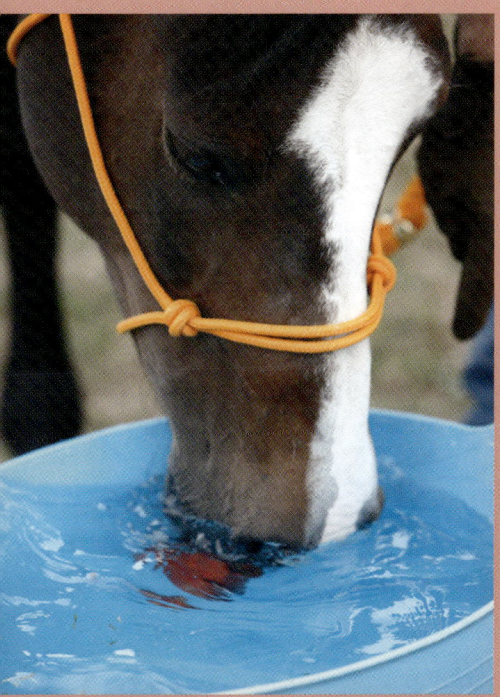

Auch die Methode „Runterdrücken" funktioniert bei dem vollen Eimer nicht.

…doch der zweite Versuch ist von Erfolg gekrönt!

Platz üben, wo ein paar Liter ausgeschüttetes Wasser niemanden stören.

Spiele für Profis

Such den Keks

Ort: Reitplatz, Spielpaddock oder Round Pen, Abstand vom Zaun mindestens 2 Meter
Material: 3 kleine Fahrpylonen, Podest, Leckerli oder Äpfel
Aufbauzeit: circa 5 Minuten
Schwierigkeitsgrad: 4–5

Ihr Pferd hat im Spiel „Zauberhut" (Seite 27) schon gelernt, dass es sich lohnt, Pylonen umzuwerfen. Wiederholen Sie dieses Spiel nun noch zwei- bis dreimal mit der kleineren Pylone, die wir ab jetzt verwenden.

Wenn das Pferd auch diese Pylone gern umwirft, bitten Sie einen Helfer, das Pferd kurz eine Runde zu führen, während Sie unter alle drei Pylonen ein Leckerli legen. Das Pferd kommt dann wieder zum Podest und wird wie gewohnt die Pylonen umwerfen – und sich riesig freuen, dass es nun anstatt einer Leckerei gleich drei gibt!

In der nächsten Trainingseinheit sind dann nur noch unter zwei Pylonen Leckerli zu finden und am Ende nur noch unter einer. So ist es auch für das Pferd ein Glücksspiel – mal findet es die „volle" Pylone als Erstes, dann brechen Sie sofort ab und geben dem Pferd noch zusätzlich ein Leckerli. Das Spiel wird immer dann beendet, wenn das Pferd die volle Pylone gefunden hat. Dann darf es die dort versteckten Leckereien fressen und bekommt noch zusätzlich eine Kleinigkeit.

Wer aus diesem Spiel einen richtigen Trick machen will, der legt unter eine der Pylonen ein Apportierspielzeug. Das Pferd wirft solange Pylonen um, bis es das Spielzeug findet, welches es dann dem Menschen bringt. Hierfür wird es natürlich umgehend mit einer Leckerei und Lob belohnt!

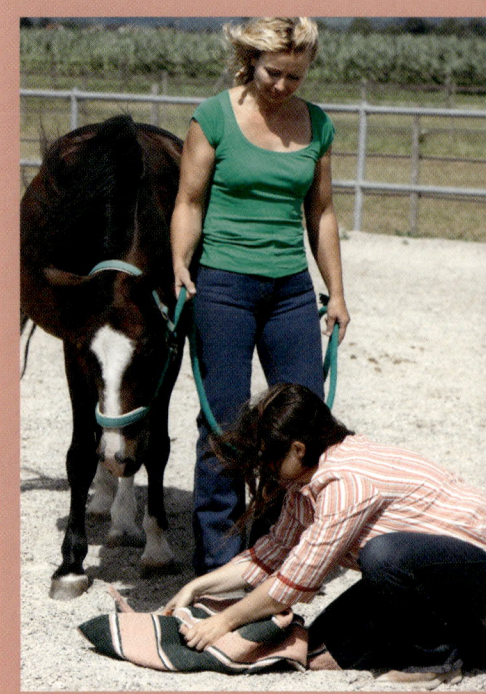

Interessiert beobachtet Blue, wie die Äpfel in der Decke verschwinden.

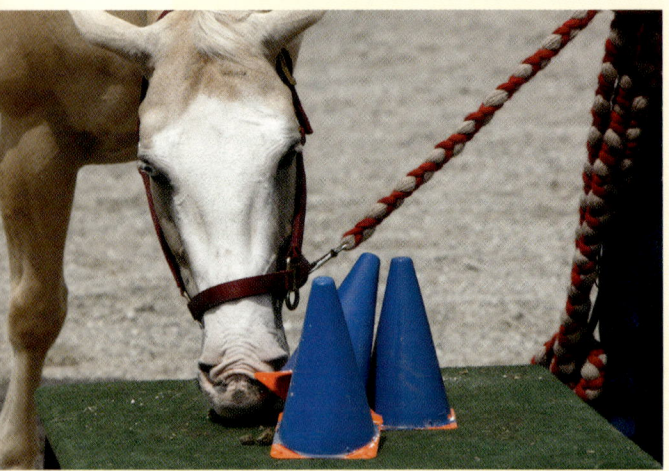

Speedy hat seine Wahl getroffen und hofft auf das Leckerli unter dem Hütchen.

Dieser Trick ist dann allerdings nicht mehr wirklich ein Spiel, sondern schon eine richtige Lektion, die entsprechendes Training braucht. Sie kann aber dem Pferd – gerade wenn es über dieses Spiel ganz locker herangeführt wurde – immens Spaß machen!

Geschenketuch

Ort: Reitplatz, Spielpaddock oder Round Pen, Abstand zum Zaun mindestens 2 Meter
Material: 1 alte Decke, Leckerli oder Äpfel
Aufbauzeit: circa 5 Minuten
Schwierigkeitsgrad: 5

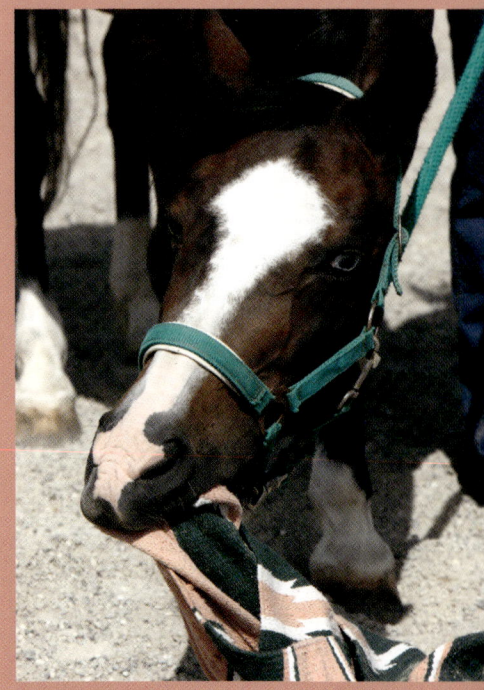

„Die sind da doch drin, Mensch!"

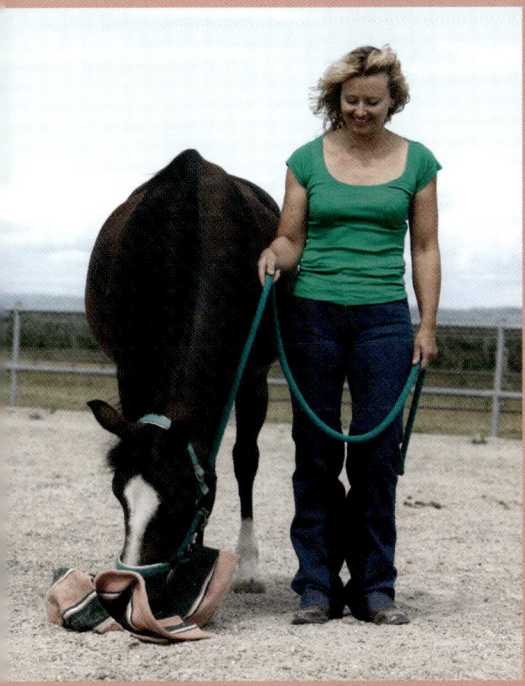

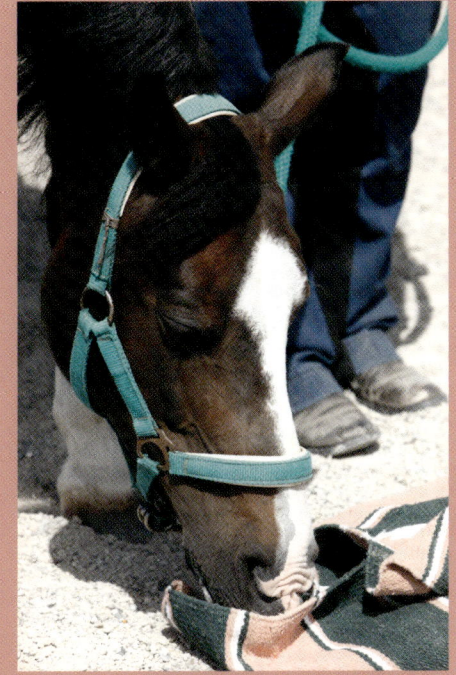

Dann wird erst einmal ausgiebig geschnuppert …

… und ein bisschen gewühlt, aber ohne großen Erfolg.

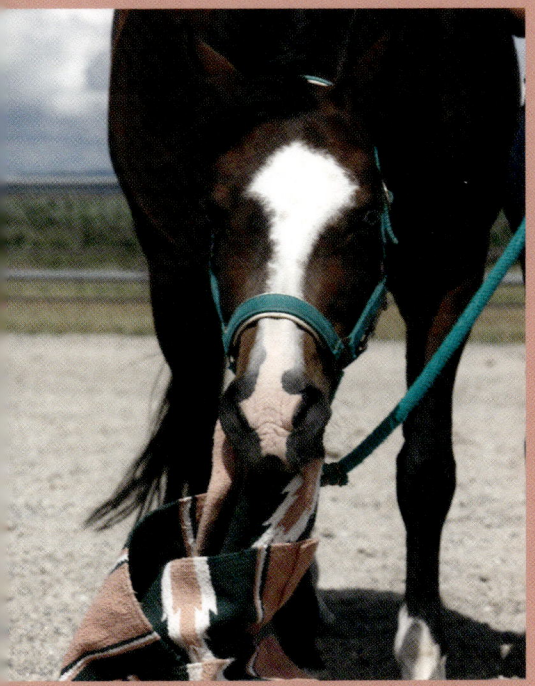

„Die müssen doch mal auftauchen!"

Mission „Apfeldecke" geglückt: „Sind die lecker!"

Breiten Sie die Decke auf dem Boden aus und lassen Sie einen Helfer das Pferd heranführen. Wie beim Zauberteppich zeigen Sie nun dem Pferd, wie Sie auf der Decke Leckereien verteilen. Anstatt die Decke aber aufzurollen, falten Sie diese so zusammen, dass das Pferd die Decke ausschütteln muss, um an die Leckereien zu gelangen.

Treten Sie etwas zurück und lassen Sie das Pferd sein Glück versuchen. Am Anfang kann man es dem Pferd leichter machen, indem man einen Zipfel der Decke außen liegen lässt, sodass es diesen packen kann. Dieses Spiel kann später auch zum Apportieren oder zum Zirkustrick „Mit Tuch winken" ausgebaut werden.

Kippeimer

Ort: beliebig, ideal im Spielpaddock, nicht in der Box!
Material: 1 Eimer ohne Henkel mit Stricken, Futter
Aufbauzeit: circa 5 Minuten
Schwierigkeitsgrad: 5–6

Das Wichtigste bei diesem Spiel ist die sichere Anbringung des Kippeimers. Gut geeignet ist zum Beispiel ein dicker Ast an einem Baum.

Gehen Sie mit Ihrem Pferd zu der Konstruktion und kippen Sie den Eimer erst einmal selbst. Legen Sie etwas Futter hinein und lassen Sie das Pferd in Ruhe speisen. So verliert es zunächst seine Scheu vor dem neuen Spielgerät.

Beim zweiten Durchlauf schütten Sie dann das Futter geräuschvoll von oben in den Ei-

Erst einmal zeigt Jim seiner Blacky, welche Köstlichkeit sich i dem Eimer verbirgt …

Beim nächsten Versuch darf Blacky es allein ausprobieren.

…und kippt für sie den Eimer ein wenig.

die clevere Ponystute ist dies ein Kinderspiel!

mer. Helfen Sie Ihrem Pferd nun etwas, indem Sie den Eimer ein wenig kippen, sodass es wieder seinen Kopf hineinstecken kann.

Beim dritten Durchgang geben Sie dann nur noch das Futter hinein und lassen das Pferd das Spiel völlig selbstständig – aber stets unter Ihrem wachsamen Auge! – ausprobieren.

Nicht die Menge macht's – auch eine Handvoll Futter im Eimer erfüllt schon ihren Zweck, zumal diese Fresshaltung für das Pferd nicht natürlich ist. Auch damit man vermeidet, dem Pferd eine falsche Halsform anzutrainieren, sollte man dieses Spiel nicht zu oft üben und außerdem darauf achten, dass der Eimer nicht allzu hoch hängt.

Kippflasche

Ort: Spielpaddock oder Putzplatz, am besten betonierter/nicht sandiger Untergrund, auf dem die Leckerli gut zu finden sind
Material: Kippflasche, kleine Leckerli
Aufbauzeit: –
Schwierigkeitsgrad: 6

Die Kippflasche ist schon ein recht kniffliges Spiel fürs Pferd, da es verschiedene Bewegungen in Feinabstimmung beherrschen muss. Zunächst basteln Sie sich die Kippflasche: Hierzu eignet sich eine kleine Trinkflasche aus Metall mit nicht zu kleiner Flaschenöffnung, damit ein Leckerli hindurchpasst.

Dann brauchen Sie noch ein Stück gedrehtes Seil und etwas Klebeband. Drehen Sie das Seil in seiner Mitte ein Stück auf und

Speedy beobachtet interessiert, wie das Leckerli in der Flasche verschwindet.

Dann experimentiert er so lange, bis die Flasche sich bewegt.

Ich drehe die Flasche um, und das Leckerli fällt auf den Boden, von wo Speedy es gleich aufnehmen darf.

schieben Sie die Flasche hindurch. Das Seil steht jetzt unter Spannung und wird sich um die Flasche legen. Fixieren Sie die Flasche zusätzlich mit etwas Klebeband.

Zeigen Sie Ihrem Pferd zunächst das neue Spielzeug. Werfen Sie dann vor seiner Nase das erste Leckerli in die Flasche und halten ihm die Flasche hin. Sobald das Pferd beginnt, sich damit zu beschäftigen, drehen Sie die Flasche etwas, sodass das Leckerli herausfällt. Zeigen Sie dem Pferd dann, dass es das Leckerli am Boden finden kann.

Dieses Spiel bedarf einiger Übung, da das Pferd lernen muss, gedanklich zu kombinieren: Wenn die Flasche kippt, landet das Leckerli am Boden. Zuerst muss es dann natürlich selbst herausfinden, wie es die Flasche zum Kippen bringt, und dann noch, wo das Leckerli hinfällt – ein Spiel für echte Tüftler unter den Pferden.

Voller Elan schleudert Shadow seinen Hopsball durch die Gegend – ein Spiel, das er mittlerweile ohne mein Zutun auch Starlight beigebracht hat.

Die kleine Trickschule

Viele Freizeitreiter glauben, ihrem Pferd Zirkuslektionen sehr leicht beibringen zu können, da das Pferd oft schon nach wenigen

Anläufen die Lektion zu beherrschen scheint. Doch der Schein trügt manchmal, und zwischen dem „Spanischen Gestrampel", das man auf manchen kleineren Shows sieht, und einem echten Spanischen Schritt liegen Welten.

Eine seriöse Ausbildung im Bereich Zirkuslektionen dauert – wie jede seriöse und pferdeschonende Ausbildung – nicht Stunden, sondern Jahre. Deshalb sollten Sie Kursleitern misstrauen, die Ihrem Pferd „mal eben schnell" das Kompliment beibringen wollen. Allzu oft sind dann Kraft und Gewalt im Spiel.

Auch Zirkuslektionen machen einem Pferd nur dann Spaß, wenn es sie spielerisch und ohne Druck lernen kann. Gerade bei dieser Arbeit, die das Vertrauen zwischen Pferd und Mensch verstärken soll, hat jegliche Form der Gewalt absolut nichts verloren.

Für dieses Buch habe ich einige einfachere Tricklektionen ausgewählt, die Sie Ihrem Pferd relativ leicht selbst beibringen können und bei denen das Pferd mehr geistig als körperlich gefordert wird.

Apportierspiele

Das Apportieren ist nicht im natürlichen Verhaltensschema der Pferde enthalten – auch wenn Starlight mich jeden Tag mit einigen Heuhalmen begrüßt, die er erst dann aus der Raufe zupft, wenn er mich kommen sieht! Er gibt mir dann das Heubündel regelrecht in die Hand und erhält dafür im Tausch ein ausgiebiges Ohrenkraulen oder auch eine kleine Leckerei.

Apportieren eines Gegenstandes

Ort: Reitplatz, Spielpaddock oder Round Pen
Material: 1 Apportierobjekt (zum Beispiel Baseballkappe), Honig aus der Tube, Leckerli
Aufbauzeit: –
Schwierigkeitsgrad: 2

Gute Gegenstände für das einfache Apportieren – also das Aufnehmen und Festhalten eines Gegenstandes – bekommen Sie am besten im nächsten Hundeladen im Bereich Spielzeug für große Hunde. Hier findet man oft verschiedene „Knochen" aus weichem Baumwollseil, farbenfroh, weich und preisgünstig. Aber auch eine alte Baseballkappe

Das liebste Spielzeug von Paso-Fino-Hengst Negresco ist eine Fischerboje, die er mit großem Elan durch seinen Paddock schleudert.

oder ein Geschirrtuch, in das man an einer Ecke einen Knoten macht, eignen sich für die ersten Versuche.

Um dem Pferd das Ganze dann auch etwas schmackhaft zu machen, braucht man noch etwas Süßes. Im Laufe der letzten Jahre habe ich bei den Kursen die Erfahrung gemacht, dass Pferde sehr unterschiedliche Geschmacksvorlieben haben. Während manche sich mit Zuckerrübensirup locken ließen, bevorzugten andere feinen Honig. Wieder andere fanden das Geschirrtuch erst dann interessant, wenn die Knotenecke mit einem Spritzer Apfelsaft oder Malzbier verfeinert wurde.

Sie müssen also zunächst einmal herausfinden, welche Flüssigkeit Ihr Pferd absolut unwiderstehlich findet, und dann den Apportiergegenstand damit bestreichen oder beträufeln.

Bieten Sie Ihrem Pferd den Gegenstand nun einladend an. Zunächst wird es daran schnuppern. Wenn es leckt, loben Sie es schon, da es sich jetzt ernsthaft mit der Sache beschäftigt. Wenn das Pferd dann probehalber hineinbeißt, geben Sie sofort das Stimmkommando „Apport" und gleich darauf „Aus". Bei „Aus" schieben Sie dem Pferd ein Leckerli in das Maul und nehmen ihm den Apportiergegenstand weg. Das Pferd wird dann recht überrascht das Leckerli kauen. Wiederholen Sie den Vorgang einige Male. Dabei wird die Zeitspanne zwischen „Apport" und „Aus" immer größer. Lässt das

Shadow bevorzugt ein Hundespielzeug.

Es muss nicht immer echtes „Spielzeug" sein – dieser Araber ist auch mit einem kleinen Stock völlig zufrieden.

Pferd den Gegenstand vor „Aus" fallen, gibt's kein Leckerli. So können Sie Ihrem Pferd recht stressfrei erkläre, dass es für ein Leckerli den Gegenstand so lange festhalten muss, bis von Ihnen das Abbruchsignal kommt.

Mützeklau

Ort: ebener, trockener Untergrund, Abstand vom Zaun mindestens 2 Meter
Material: Baseballkappe, Leckerli
Aufbauzeit: –
Schwierigkeitsgrad: 3

Ich kauere mich vor Shadow hin und mache ihn auf die Mütze aufmerksam.

Der Mützeklau ist eine Weiterentwicklung des Apportierens. Hierfür müssen Sie Ihr Pferd schon beim normalen Apportieren auf die Baseballkappe fixiert haben, und zwar so, dass es diese immer am Schild nimmt und dann auch lange festhält.

Kauern Sie sich nun vor dem Pferd hin und heben Sie die Baseballkappe etwa in Höhe Ihres Kopfes. Geben Sie dann das Kommando zum Apportieren und lassen Sie das Pferd die Mütze nehmen. Stehen Sie auf, geben Sie das Kommando „Aus" und tauschen Sie dann die Kappe gegen das verdiente Leckerli aus.

Beim nächsten Versuch heben Sie die Kappe dann dicht über Ihren Kopf und lassen das Pferd sie wieder nehmen. Stehen Sie wieder auf, wenn das Pferd die Kappe genommen hat und tauschen Sie sie gegen ein Leckerli.

Dann setzen Sie die Kappe auf, allerdings muss der hintere Riemen offen sein. Die Kappe darf also nicht fest auf Ihrem Kopf sitzen, sondern praktisch nur locker aufliegen.

Jetzt legen Sie den Kopf so weit in den Nacken, dass das Schild der Kappe relativ gerade nach oben in Richtung Pferd ragt. Mit einer Hand halten Sie das Schild der Kappe etwas fest und geben wieder das Kommando „Apport". Das Pferd sollte die Kappe nun am Schild nehmen und hochheben. Dann stehen Sie wieder auf und tauschen wieder Mütze gegen Leckerli.

Im Lauf des Trainings stehen Sie dann immer weiter auf, bis es Ihrem Pferd auch gelingt, Ihnen aufrecht stehend die Mütze vom Kopf zu ziehen. Bei kleineren Ponys muss man natürlich weiterhin in die Hocke gehen!

Auf mein Stimmkommando „Apport" hin nimmt Shadow das Schild ins Maul.

Ich ducke mich weg, und Shadow hält stolz seine „Beute" im Maul, die gleich darauf gegen ein Leckerli ausgetauscht wird.

Jacke ausziehen

Ort: Reitplatz, Spielpaddock oder Round Pen
Material: 1 alte, robuste Baumwolljacke (Jeans), Leckerli
Aufbauzeit: –
Schwierigkeitsgrad: 4

Dieses Spiel basiert auf dem Apportieren. Zunächst bringen Sie dem Pferd ganz normal bei, die Jacke hochzuheben. Wichtig ist, dass immer die gleiche Jacke verwendet wird, damit das Pferd nicht bald in jeder Jacke ein Spielzeug sieht – das könnte sonst ein teurer und im schlimmsten Fall sogar schmerzhafter Spaß werden!

Nachdem das Pferd gelernt hat, die Jacke immer am Kragen hochzunehmen, legen Sie sich die Jacke einfach über die Schulter und bitten das Pferd, sie wieder am Kragen zu apportieren. Glückt dies, können Sie in der nächsten Trainingseinheit schon mal einen Arm in einen der Ärmel stecken. Schafft es das Pferd auch dann, die Jacke zu apportieren, können Sie sie im letzten Übungsschritt komplett anziehen. Wichtig dabei ist, dass Sie mit dem Pferd ein deutliches Signal vereinbaren, damit es niemals auf die Idee kommt, selbst nach der Jacke zu greifen. Ich hebe immer deutlich selbst den Kragen der Jacke hoch und gebe Shadow das Kommando „Jacke".

Ich zeige Shadow, dass die Jacke nur am Kragen apportiert wird.

Shadow nimmt den neuen Apportiergegenstand schnell an.

Shadow nimmt den Kragen. Ich lockere die Jacke …

… und drehe mich dann heraus.

Das Anheben des Kragens ist das deutliche Signal, dass die Jacke jetzt apportiert werden darf.

Geschafft!

Ballschleuder

Ort: Reitplatz, Spielpaddock oder Round Pen
Material: 1 Hopsball, Leckerli
Aufbauzeit: –
Schwierigkeitsgrad: 4–5

Auch die Ballschleuder lässt sich sehr leicht aus dem Apportieren entwickeln. Pferde sind ja chronisch neugierig und – wenn man sie lässt – auch ausgesprochen kreativ.

Die Ballschleuder war Shadows Erfindung. Eigentlich hatte ich den Hopsball für das banale Umsetzen eines Gegenstandes beim Western Trail besorgt. Während ich dann wie immer den Trailparcours aufbaute, wartete Shadow am Putzplatz – der neue Hopsball lag zum Betrachten in der Nähe.

Als ich vom Trailbau zurückkam, versuchte Shadow schon, den Ball irgendwie ins Maul zu bekommen. Ich nutzte die Gunst der Stunde, band Shadow los und marschierte mit ihm und dem Hopsball auf den Platz. Wie zum Apportieren gab ich ihm nun einen der Haltegriffe des Balls ins Maul. Stolz hob Shadow den Ball hoch und tauschte ihn gegen ein Leckerli. Kaum lag der Ball am Boden, begann er ihn zu schubsen – und mir kam eine Idee. Ich gab Shadow den Ball wieder zum Apportieren und schubste den Ball dann vorsichtig ein wenig an, sodass dieser zur Seite pendelte. Shadow fand das Umherpendeln des Balles ganz toll, und wir entschieden uns für ein neues Kommando: „Kreisel".

Um Ihrem Pferd das Ballschleudern beizubringen, gewöhnen Sie es erst einmal daran, den Hopsball normal hochzuheben. Dann sagen Sie „Kreisel" und schubsen den Ball leicht an. Dann geben Sie wieder das Kommando

Ich mache Shadow auf den Ball aufmerksam.

Shadow senkt auf Kommando den Kopf, schnappt sich den Ball …

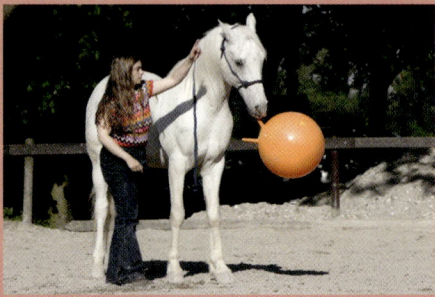

… und hebt ihn dann hoch.

Mit einer kreisenden Bewegung aus dem Handgelenk animiere ich Shadow, den Ball zu bewegen.

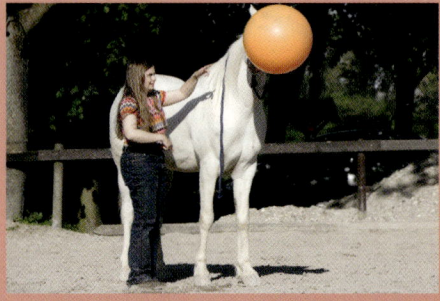

Dieser Aufforderung kommt er gleich etwas übereifrig nach!

„Aus" und belohnen das Pferd mit einem Leckerli. Wiederholen Sie diese Übung einige Tage lang, jedes Mal etwa drei bis vier Durchgänge. Ab jetzt ist es wichtig, dass Sie die Apportiergegenstände genau voneinander unterscheiden. Der kleine Stoffknochen wird nun beispielsweise nur noch zum „normalen" Festhalten genommen, die Mütze nur noch zum „Mützeklau" – und mit dem Ball wird immer nur geschleudert.

Beim nächsten Versuch mit dem Hopsball geben Sie wieder das Kommando „Kreisel" und bewegen dabei die Hand, als wollten Sie den Ball anschubsen. Das Pferd weiß, was kommen wird, und es kann nun gut passieren, dass es vorausgreift und den Ball selbst ein wenig pendeln lässt. Loben Sie Ihr Pferd dann umgehend, geben Sie das Kommando „Aus" und belohnen Sie es mit einer Leckerei.

Als Steigerung können Sie, wenn der „Kreisel" klappt, auch „Kreisel" und „Aus" zu einem richtigen Wegschleudern des Balls kombinieren. Hierzu lassen Sie das Pferd den Kreisel einige Male ausführen, bis der Ball richtig in Schwung ist. Dann geben Sie, wäh-rend der Ball in Bewegung ist, das Komman-do „Aus". Sobald das Pferd loslässt, wird der Ball durch die Beschleunigung des Kreiselns wegfliegen.

Laufspiele

Pferde sind Lauftiere und bewegen sich im Spiel mit Artgenossen auch gern. Allerdings sind wir Menschen für die oft ruppigen und schnellen Laufspiele der Pferde nicht wirklich geschaffen. Dennoch gibt es Mög-lichkeiten, mit dem Pferd Laufspiele ver-schiedenster Art einzustudieren.

Fanges spielen kann Pferd und Mensch enormen Spaß machen – wenn einige Sicherheitsregeln beachtet werden. Der Übergang zu Lektionen der Freiheitsdressur, hier dem Ansatz einer Pirouette, kann dann fließend erfolgen.

Speedy erkennt, dass es sich vielleicht lohnen könnte, Katja nachzulaufen.

Im Trab darf er dann erstmals von der Karotte naschen.

Voller Elan macht der ansonsten eher ruhige Speedy bei dem neuen Spiel mit.

Fanges

Ort: zu Beginn Round Pen, später Reitplatz
Material: Leckerli, Karotte
Aufbauzeit: –
Schwierigkeitsgrad: 4

Dieses Spiel entwickelt sich aus der Round-Pen-Arbeit (siehe hierzu auch mein Buch „Vom Round Pen zur Freiheitsdressur" aus dem Cadmos Verlag).

Nach dem Hereinbitten des Pferdes gehen Sie voraus, und das Pferd sollte Ihnen frei folgen – so weit die übliche Round-Pen-Arbeit. Um das Pferd nun zu animieren, dauerhaft und auch im Trab zu folgen, wird die „Geheimwaffe" eingesetzt: eine Karotte.

Lassen Sie das Pferd im Schritt ein Mal von der Karotte abbeißen. Dann werden Sie etwas schneller, halten dem Pferd die Karotte dabei dicht vor die Nase und geben ein Stimmkommando für die neue Lektion, beispielsweise „Auf, Schritt" für den Schritt und „Auf, Trab!" für den Trab. Sobald das Pferd Ihnen nachfolgt und das neue Tempo hält, darf es wieder von der Karotte naschen. Wichtig ist, dass Sie dem Pferd von Anfang an keine Rüpeleien gestatten. Schubsen oder Schnappen ist absolut tabu und führt zu einem deutlichen „Nein", eventuell in Verbindung mit einem Klaps. Im Laufe des Trainings wird die Karotte durch ein Leckerli ersetzt, mit dem das Pferd am Ende belohnt wird.

Pacing

Ort: zu Beginn Round Pen, später Reitplatz
Material: Gerte, Bogenpeitsche, Leckerli
Aufbauzeit: –
Schwierigkeitsgrad: 4–5

Das Pacing (deutsch: Mitlaufen) entwickelt sich aus der Round-Pen-Arbeit und dem Fanges. Legen Sie die Gerte an den Hals Ihres Pferdes. Tippen Sie mit der Gerte ein Mal an den Hals und geben Sie das Stimmkommando „Komm" zum gezielten Losmarschieren. Gehen Sie dann eine kleine Runde. Zum Anhalten nehmen Sie die Gerte weg, sagen deutlich „Whoa" und loben das Pferd. Wiederholen Sie diese Übung einige Male, bis das Pferd sich sicher mit der Gerte im Schritt „führen" lässt. Wenn es im Schritt klappt, können Sie es auch im Trab versuchen! Benutzen Sie dann eine zweite Gerte, mit der Sie dem Pferd sanft auf die Hinterhand tippen können.

Pacing mit kleinen Aufgaben

Ort: zu Beginn Round Pen, später Reitplatz
Material: Gerte, Bogenpeitsche, Leckerli
Aufbauzeit: –
Schwierigkeitsgrad: 5

Wenn das normale Pacing im Schritt und Trab gut klappt, können Sie es Ihrem Pferd auch etwas interessanter machen, indem Sie ganz einfache Trailaufgaben einbauen, zum Beispiel einen gemeinsamen Hüpfer über ein Cavaletto oder einen Stangenfächer.

Sie werden erstaunt sein, wie willig und freudig Ihr Pferd auf einmal die vielleicht vorher eher verhassten Trailaufgaben bewältigt, wenn Sie als „Boss" aktiv mitmachen und selbst drüberhüpfen. Und ein schöner Nebeneffekt der Sache ist: Man bleibt selbst auch fit!

Shadow hat das Pacing-Prinzip verstanden und folgt aufmerksam im Schritt. Diese Übung kann entweder mit Bogenpeitschen oder normalen Gerten einstudiert werden. Die zweite Peitsche dient später zum Antraben.

Pacing durch einen Stangenkorridor …   *… und mit Elan über ein kleines Cavaletto.*

Jim macht Blacky mit dem neuen Spielzeug vertraut.   *Dann bewegt er das Tuch und führt Blacky darauf zu.*

Auch ein Stangenquadrat kann auf diese Weise spielerisch bewältigt werden.

Torro, Torro

Ort: zu Beginn Round Pen, später Reitplatz
Material: Gerte, buntes Tuch, Karotte
Aufbauzeit: –
Schwierigkeitsgrad: 5–6

Dieses Spiel baut auf dem Pacing und dem Fanges auf. Nun soll das Pferd aber nicht nur dem Menschen, sondern vor allem dem Torro-Tuch folgen.

Nehmen Sie ein größeres Stoffstück (eine alte Tischdeck, oder ein kleines Schwungtuch) und schieben die Gerte so darunter, dass Sie es gut halten können.

In der freien Hand halten Sie eine Karotte. Machen Sie das Pferd erst einmal in Ruhe mit dem Tuch vertraut. Dann locken Sie das Pferd zu sich. Sobald es das Tuch berührt, nehmen Sie das Tuch seitlich weg wie ein Torero und belohnen das Pferd mit einem Stück von der Karotte. Wiederholen Sie dieses Spiel einige Male, bis das Pferd versteht, dass das Tuch der Schlüssel zu den Leckereien ist. Wann immer es dem Tuch folgt, aktiv auf dieses zugeht und es berührt, gibt es eine Belohnung.

Dieses Spiel eignet sich besonders für schreckhafte und unsichere Pferde, die im Gelände öfter mal Gespenster sehen. Mit diesem Spiel lernen sie, dass es sich lohnt, sich dem Unbekannten zu stellen, und dass die Dinge nicht immer so schlimm sind, wie sie aussehen.

Blacky fixiert das Tuch, berührt es kurz darauf und wird sogleich belohnt.

Abenteuerspielplatz für Pferde

Pferde sind auf ihren vier Beinen meist geschickter, als man ihnen zutrauen würde – zumindest von Natur aus. Ein Pferd, das einen großen Teil seines Lebens damit zubringen muss, sich in seiner vier mal vier Meter kleinen Box um die eigene Achse zu drehen, und auch unter dem Reiter jeden Schritt vorgeschrieben bekommt, verliert die naturgegebene Geschicklichkeit erschreckend schnell.

Diese Fähigkeit muss also trainiert werden – was den allermeisten Pferden riesigen Spaß macht. Unser Starlight zum Beispiel denkt sich liebend gern Geschicklichkeitsspiele selbst aus, taucht beim Longieren so mal schnell unter der Platzabsperrung durch oder klettert aus dem Paddock heraus. Um ihn von seinen kreativen Ideen abzuhalten, bieten wir ihm immer wieder Übungen, die er wesentlich spannender findet als die selbst erfundenen!

Bei allen im Folgenden beschriebenen Übungen, besonders am Podest, Schwebebalken und an der Wippe, muss das Pferd einen Beinschutz an allen Beinen tragen. Hierzu eignen sich Bandagen oder Western Boots, der Kronrand sollte möglichst durch Springglocken geschützt werden.

Mit dem Kumpel aufs Podest – wenn beide Pferde diese Lektion bereits einzeln beherrschen, steht einem gemeinsamen Training nichts im Wege.

Das Podest

Meist ist es kein großes Problem, ein Pferd mit den Vorderbeinen auf ein Podest zu stellen. Gerade Ponys, so zeigt die Erfahrung aus diversen Kursen, wollen dann aber kaum wieder herunter! Starlight findet die Aussicht auf dem Podest so klasse, dass man mit ihm mittlerweile nicht einmal mehr arglos am Podest vorbeigehen kann, ohne Gefahr zu laufen, dass er sich blitzschnell selbstständig macht und sich auf das Podest stellt. Kleine Pferde haben wohl ihr Leben lang den Wunsch, größer zu sein als sie sind, und finden daher das Podest unwiderstehlich. Für zaghafte und ängstliche Pferde kann das Podest einen wahren Selbstbewusstseinsschub bringen da sie sich oft auch innerlich „groß" fühlen.

Ein Podest selbst bauen

Podeste kann man für viel Geld kaufen – aber auch mit etwas Geschick günstig selbst herstellen! Sie benötigen einen alten Traktorreifen. Er sollte einen Mindestdurchmesser von 90 Zentimetern haben und zwischen 30 und 40 Zentimeter hoch sein. Für diesen Reifen sägen Sie als Abdeckung eine stabile Holzplatte aus. Hierfür eignen sich Arbeitsplatten sehr gut. Fragen Sie im Holzhandel einfach nach einer wetterfesten Holzplatte, die mindestens 800 Kilogramm Belastung aushält.

Dann brauchen Sie noch etwa zehn 30 oder 40 Zentimeter hohe Holzklötze, einen guten Akkuschraubendreher und versenkbare Schrauben.

Die Holzklötze werden in das Innere des Reifens geklemmt, damit dieser nicht zusammensinkt. Die Holzplatte wird daraufgelegt und dann durch den Reifen hindurch mit den Holzklötzen verschraubt. Die Schrauben müssen hierbei unbedingt versenkt werden. Zum Abschluss runden Sie die Kanten der Holzplatte mit einer Feile und Schmirgelpapier rund. Man kann die Platte auch vor dem Aufschrauben mit einer Kokosmatte oder Kunstrasen beziehen, um die Oberfläche rutschfest zu machen.

Ein einfaches, aber robustes Podest aus einer Holzplatte und einem Traktorreifen kann man bereits für 50 Euro haben – der freundliche „Ehemann-Helfer-Service" jedoch ist unbezahlbar!

Shadow hat gelernt, seine Beine einzeln auf das Antouchieren zu bewegen und kann nun auch selbstständig ein Bein auf das Podest stellen.

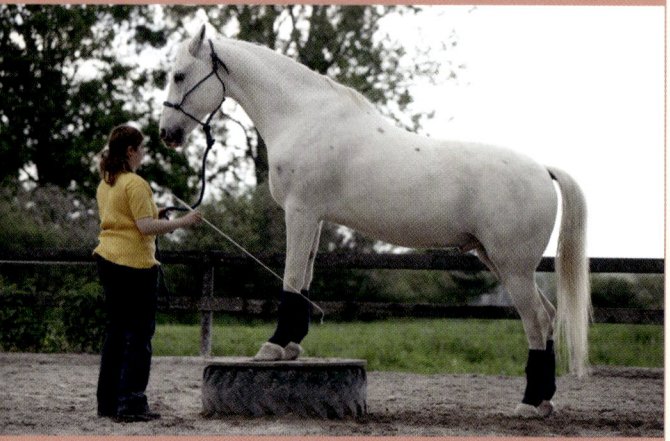

So folgt dann auch das zweite Bein.

Starlight findet das Podest extrem klasse, aber „nur draufstehen" ist zu langweilig. So kombiniert er selbstständig diese Übung mit dem Trick „Bussi" und hat einen Riesenspaß!

Aufsteigen auf das Podest

Ort: Reitplatz, Spielpaddock oder Round Pen, Abstand vom Zaun mindestens 2 Meter
Material: Podest, Leckerli
Aufbauzeit: circa 5 Minuten
Schwierigkeitsgrad: 2–3

Führen Sie Ihr Pferd erst einmal an die neue Konstruktion heran und lassen Sie es daran schnuppern. Legen Sie dann einige Leckereien auf das Podest, damit Ihr Pferd gleich die Verbindung „Podest = toll" im Kopf hat.

Dann stellen Sie sich mit Ihrem Pferd so hin, dass das Podest genau zwischen Ihnen beiden ist. Ein Helfer stellt sich neben das Pferd, hebt ihm ein Vorderbein an und stellt es einfach einmal mittig auf das Podest.

Loben Sie das Pferd ausgiebig und schicken Sie es dann rückwärts wieder vom Podest herunter. Dann wird das andere Bein ebenfalls hochgestellt, gelobt und wieder abgestellt.

Nun geben Sie dem Pferd ein Stimmkommando, beispielsweise „hoch", und locken es mit einer Karotte und sanftem Zupfen am Halfter. Auch wenn es das Bein zunächst etwas ungünstig auf das Podest stellt: Loben Sie es für den richtigen Gedanken und schicken Sie es wieder rückwärts hinunter. Beim nächsten Versuch lassen Sie das Pferd dann wieder ein Bein hochstellen. Der Helfer korrigiert bei Bedarf die Position, indem er das Bein nun fast mittig auf das Podest setzt. Dann wechselt er die Seite, und während Sie das Pferd weiter mit der Karotte locken, setzt er auch das zweite Bein auf das Podest.

Loben Sie Ihr Pferd jetzt ausgiebig mit Streicheleinheiten und Leckerli und lassen

Sie es einfach die „schöne Aussicht" genießen. Sollte das Pferd auf die Idee kommen, seitlich, nach vorn oder rückwärts vom Podest zu springen – auf keinen Fall strafen! Beginnen Sie die Übung in aller Ruhe erneut. Sobald das Pferd dann auf dem Podest stehen bleibt, folgen sofort Leckerli und Lob, damit es erkennt, dass nur dies das gewünschte Verhalten ist.

Absteigen vom Podest

Ort: Reitplatz, Spielpaddock oder Round Pen, Abstand vom Zaun mindestens 2 Meter
Material: Podest, Leckerli
Aufbauzeit: circa 5 Minuten
Schwierigkeitsgrad: 2–3

Der Abstieg vom Podest erfolgt immer nach hinten! Hierzu richten Sie das Pferd einfach rückwärts. Es wird dann erst ein Bein nach unten stellen. Loben Sie es, warten Sie einen kleinen Moment und bitten Sie es mit einem erneuten Rückwärtssignal, auch das andere Bein auf den Boden zu stellen. Loben Sie Ihr Pferd ausgiebig und führen Sie es dann vom Podest weg, damit es gar nicht in Versuchung gerät, ohne Signal hinaufsteigen zu wollen.

Das Absteigen erfolgt immer rückwärts. Ich gebe Shadow das Signal zum Rückwärtsgehen. Er zögert kurz …

…setzt dann aber ein Bein nach unten …

… und schließlich auch das zweite. Für diese Lektion wird er extra belohnt. So kommt er nie auf die Idee, allein oder auf andere Weise das Podest zu verlassen.

Shadow und Ingo auf unseren Trainingsbalken. Sie können, zusammen geschoben, auch als einfache Trailbrücke verwendet werden.

Der Schwebebalken

Der Schwebebalken fördert ungemein das Körpergefühl des Pferdes und seine Konzentrationsfähigkeit. Diese Geschicklichkeitsübung bedarf natürlich einigen Trainings, macht dann aber Pferd und Mensch ungemein Spaß.

Das Schrittchenspiel

Ort: Reitplatz, Spielpaddock oder Round Pen, Abstand vom Zaun mindestens 2 Meter
Material: Bodenarbeitsstange, Gerte, Leckerli
Aufbauzeit: circa 5 Minuten
Schwierigkeitsgrad: 3

Einen Schwebebalken selbst bauen

Zum Bau eines zweiteiligen Schwebebalkens benötigen Sie drei wetterfest imprägnierte Dielenbretter von etwa 30 Zentimetern Breite und mindestens drei Metern Länge. Jedes einzelne Brett sollte so stark sein, dass es Ihr Pferd mit Leichtigkeit tragen kann.

Hinzu kommen acht bis zehn Querstege, bestehend aus flachen Holzstücken von etwa 20 Zentimetern Höhe. Die beiden Schwebebalken von 60 und 30 Zentimetern Breite werden mit je drei bis vier Querstegen abgestützt, damit sie nicht durchhängen. Die beiden Teile können auch zu einem 90 Zentimeter breiten Schwebebalken zusammengeschoben werden. Auf diese Weise hat man dann auch

noch eine „Übungsbrücke", die man leicht mit einem einfachen Holzgeländer zu einer Trailbrücke umfunktionieren kann.

Bei dem schmalen Schwebebalken sollten Sie an den beiden Enden die Querstege nach außen verlängern, damit der Balken nicht kippt. Um Verletzungen zu vermeiden, werden die herausstehenden Enden abgeflacht.

Als rutschfester Bezug für den Balken bietet sich einfacher Kunstrasen aus dem Baumarkt an. Er wird großzügig um die Kanten der Balken geschlagen, an den Außenseiten gut gespannt und mit normalen Holznägeln fixiert. Achten Sie darauf, die Nägel sehr tief einzuschlagen, sodass die Nägelköpfe fast im Kunstrasen verschwinden.

Beim Schwebebalken ist vor allem das Zusammenspiel der Hilfen sehr wichtig, damit das Pferd diese doch recht anspruchsvolle Aufgabe meistern kann. Als Vorstufe sollte man dem Pferd erst einmal beibringen, auf Kommando alle vier Beine zu bewegen. Hierzu touchiert man das Pferd zunächst mit einer langen Bodenarbeitsgerte vorsichtig an einem Vorderbein und gibt das Kommando „Step". Wenn das Pferd mit dem Bein zuckt, sollten Sie es sofort loben, da es den richtigen Ansatz zeigt. Üben Sie dann mit Ihrem Pferd, dass es auf das Gertensignal hin jedes einzelne Bein anhebt und damit ein kleines Schrittchen nach vorn geht.

Wenn Sie alle vier Beine bewegen können, können Sie den Schwierigkeitsgrad durch das Verwenden einer oder mehrerer Stangen etwas erhöhen. Dirigieren Sie Ihr Pferd wirklich Schrittchen für Schrittchen über die Stange. Wenn Sie Ihre Hilfen sehr genau dosieren, sollten Sie am Ende dieser Vorübung Ihr Pferd dazu bewegen können, mit einem oder zwei Vorderbeinen auch auf einer eckigen Bodenarbeitsstange zu stehen. Sobald Sie auf diese Weise die Pferdebeine einzeln „kontrollieren" können, geht's dann an den Schwebebalken.

Aufsteigen mit den Vorderbeinen

Ort: Reitplatz, Spielpaddock oder Round Pen, Abstand vom Zaun mindestens 2 Meter
Material: breiter Trainingsbalken, Gerte, Leckerli
Aufbauzeit: circa 5 Minuten
Schwierigkeitsgrad: 2–3

Im Prinzip erfolgt das Aufsteigen auf den Schwebebalken ebenso wie auf das Podest.

Da der Balken nicht so breit ist, muss das Pferd seine Hufe nun wesentlich genauer absetzen, was es aber durch das vorhergegangene Schrittchenspiel gelernt hat.

Stellen Sie Ihr Pferd gerade vor ein Ende des Schwebebalkens und bitten Sie es dann, einen Fuß daraufzustellen. Sollte es anfangs zögerlich sein oder den Schwebebalken einfach nicht richtig „treffen", kann ein Helfer sinnvoll sein, der das Pferdebein einfach passend hochstellt. Das zweite Bein wird ebenso hochgestellt, allerdings nicht direkt neben, sondern leicht vor das erste Bein, damit das

Shadow steht mit den Vorderbeinen das erste Mal auf dem Schwebebalken. Obwohl er diese Übung vom Podest her kennt, ist ihm die ganze Sache nicht ganz geheuer.

Pferd nun schon in Schrittstellung steht. Loben Sie Ihr Pferd ausgiebig, lassen Sie es sich einen Moment an das neue Gefühl ge-

Auf dem breiten Schwebebalken wird mit allen vier Beinen balanciert.

Für den schmalen Schwebebalken muss das Pferd mit Vor- und Hinterhand auf zwei Hufschlägen gehen.

wöhnen und bitten Sie es dann, rückwärts wieder herunterzutreten. Üben Sie das Aufsteigen auf diese Weise so lange, bis das Pferd selbst in der Lage ist, die Vorderbeine sicher auf den Schwebebalken zu stellen.

Mit zwei Beinen auf dem Schwebebalken

Ort: Reitplatz, Spielpaddock oder Round Pen, Abstand vom Zaun mindestens 2 Meter
Material: Trainingsbalken (anfangs breit, für Fortgeschrittene schmaler), Gerte, Leckerli
Aufbauzeit: cira 5 Minuten
Schwierigkeitsgrad: 4–5

Nun können Sie üben, mit dem Pferd über beide zusammengeschobenen Balken zu gehen. Glückt dies, so machen Sie am breiten Einzelbalken weiter.

Damit das Pferd auch auf dem schmalen Schwebebalken vorwärtsgehen kann, müssen Sie zu Beginn durch sanftes Touchieren die Hinterhand ein wenig seitlich stellen, damit es mit der Hinterhand in einem leichten Seitengang den Vorderbeinen auf dem Schwebebalken folgen kann. Sollte Ihr Pferd mit der Lektion „Kruppe herein" aus dem klassischen Reiten nicht vertraut sein, empfiehlt es sich, diese zuvor zu üben. Im Westernreiten kennt man dieses Reiten auf zwei Hufschlägen ohne Überkreuzen der Vorderbeine auch unter dem Namen Two Tracking.

Nun bitten Sie Ihr Pferd mit dem gewohnten Kommando „Schrittchen", einen Schritt nach vorn zu machen. Der Helfer steht noch parat, um dem Pferd notfalls beim erneuten Aufsetzen des Beins behilflich zu sein. Arbeiten Sie sich auf diese Weise langsam und Schritt für Schritt mit Ihrem Pferd auf dem Schwebebalken voran, bis es dessen Ende erreicht hat. Loben Sie es dort ausgiebig, lassen Sie es noch einen Augenblick verharren und dann vorwärts absteigen.

Weiterführende Übungen

Ort: Reitplatz, Spielpaddock oder Round Pen, Abstand vom Zaun mindestens 2 Meter
Material: schmaler Schwebebalken, Gerte, Leckerli
Aufbauzeit: circa 5 Minuten
Schwierigkeitsgrad: 5–6

Wenn das Pferd den Schwebebalken von beiden Seiten (also Kruppeherein rechts und links) flüssig beherrscht und es wieder an der Zeit für etwas Neues ist, kann man auch versuchen, das Pferd mit allen vier Beinen auf den schmalen Schwebebalken zu stellen und darüberbalancieren zu lassen. Dies erfordert jedoch viel Übung, und hier ist ein Helfer noch wesentlich länger vonnöten.

Eine Wippe selbst bauen

Für die Wippe braucht man drei bis vier gut imprägnierte Dielenbretter, circa 30 Zentimeter breit und drei Meter lang. Zwei flache und zwei dicke Querhölzer von 90 beziehungsweise 120 Zentimetern Länge verbinden die Dielen miteinander. Die dünnen Querhölzer werden an den Enden der Wippe angebracht, die beiden dickeren Querhölzer dienen als Führung für das Rundholz, das die Wippfunktion gewährleistet. Als rutschfeste Bespannung empfiehlt sich Kunstrasen.

Für unsere Trainingswippe ließen wir uns aus Edelstahl einen Wippbock schweißen. Wesentlich günstiger geht es aber auch mit einem Rundholz. Im Sägewerk kann man sich ein Holz in der passenden Stärke aussuchen und dann auch gleich zurechtsägen lassen. Ein Durchmesser von etwa 20 Zentimetern ist für den Anfang ausreichend. Je besser das Pferd die Wippe kennt und je versierter es im Wippen ist, umso höher kann der Wippklotz gewählt werden.

Die Wippe

Leider ist die Wippe von den Freizeit- und Westernturnieren verschwunden. Was da heutzutage als Trail bezeichnet wird, erinnert mich immer mehr an ein Stangenmikado. Schade, denn gerade die Wippe kann Pferden richtig Spaß machen. Sobald sie ihre Scheu vor der Bewegung und dem Klappern überwunden haben, finden sie viel Gefallen am Hin- und Herwippen.

Das erste Mal auf der Wippe

Ort: Reitplatz, Spielpaddock, Abstand vom Zaun mindestens 2 Meter
Material: Wippe, Leckerli
Aufbauzeit: circa 5 Minuten
Schwierigkeitsgrad: 2

Ihr Pferd hat beim Podest und beim Schwebebalken bereits gelernt, auf etwas hinaufzusteigen. Allerdings hält die Wippe eine Herausforderung bereit, die es bei den beiden anderen Spielen noch nicht gab: Die Wippe bewegt sich! Beim ersten Mal allerdings sollten Sie Ihr Pferd nur so weit auf die Wippe stellen, dass sie eben nicht kippt!

Führen Sie Ihr Pferd an die Wippe heran und lassen Sie es zunächst nur mit den Vorderbeinen darauf stehen. Diese Übung kennt es ja bereits von Podest und Schwebebalken und wird dadurch nicht beunruhigt werden. Dann schicken Sie das Pferd wieder rückwärts herunter. Auch wenn es Ihnen komisch vorkommen mag: Zeigen Sie Ihrem Pferd doch einfach mal selbst, wie man auf der Wippe wippt. Oder lassen Sie ein Pferd, das zuverlässig und ruhig über die Wippe geht, vor den Augen Ihres Pferdes einige Male über die Wippe gehen. Belohnen Sie das „Vorführpferd" dann ausgiebig und machen Sie Ihrem Pferd somit Lust auf den nächsten Schritt.

Mit allen vieren

Ort: Reitplatz, Spielpaddock, Abstand vom Zaun mindestens 2 Meter
Material: Wippe, Leckerli
Aufbauzeit: circa 5 Minuten
Schwierigkeitsgrad: 2–3

In der nächsten Übungseinheit lassen Sie Ihr Pferd mit allen vier Beinen auf der Wippe stehen. Dabei müssen Sie aber darauf achten, dass die Wippe auf keinen Fall kippt. Lassen Sie das Pferd einfach einen Augenblick stehen, damit es sich an den etwas schrägen Untergrund gewöhnen kann. Dann schicken Sie es wieder in Ruhe rückwärts

herunter, loben es und versuchen es auch von der anderen Seite.

Es wackelt!

Ort: Reitplatz, Spielpaddock, Abstand vom Zaun mindestens 2 Meter
Material: Wippe, Leckerli
Aufbauzeit: circa 5 Minuten
Schwierigkeitsgrad: 3–4

Ihr Pferd hat nun die Wippe von allen Seiten kennengelernt. Dennoch könnte es erschrecken, wenn Sie es komplett über die Wippe führen und diese dann beim Überschreiten der Mitte geräuschvoll nach vorn kippt. Deshalb ist es sehr wichtig, dass Ihr Pferd das Schrittchenspiel (Seite 58) gut mitmacht und Sie es auf ein Stimmkommando auch auf der Wippe Schritt für Schritt bewegen können.

Stellen Sie das Pferd mit allen vieren auf die Wippe. Dann bitten Sie es, ein Bein über die Mitte der Wippe zu stellen. Noch wird die Wippe nicht kippen.

Lassen Sie das Pferd dann das Bein wieder zurückstellen und nach kurzem Lob auch wieder vorsetzen. Loben Sie es und lassen Sie es dann einen weiteren Schritt nach vorn machen. Bieten Sie dem Pferd dabei eine lange, dicke Karotte zum Abknabbern an. Jetzt wird der Punkt kommen, an dem die Wippe langsam nach vorn kippt. Diese plötzliche Bewegung kann das Pferd erschrecken. Loben Sie es mit ruhiger Stimme und bieten Sie ihm eine zweite Karotte an, wenn es auf der Wippe stehen geblieben ist. Lassen Sie es auf der Wippe auch die zweite Karotte verspeisen, ehe Sie es vorwärts von der Wippe herunterführen.

Sollte das Pferd bei der ersten Bewegung der Wippe herunterspringen, tadeln Sie es nicht – das ist ein ganz natürlicher Fluchtreflex. Führen Sie es wieder ganz in Ruhe auf die Wippe, damit es keine Angst davor entwickeln kann, schicken Sie es dann vor dem Wipppunkt rückwärts herunter, und versuchen Sie die Übung einfach am nächsten Tag wieder.

Richtig wippen

Ort: Reitplatz, Spielpaddock, Abstand vom Zaun mindestens 2 Meter
Material: Wippe, Leckerli
Aufbauzeit: circa 5 Minuten
Schwierigkeitsgrad: 5–6

Ihr Pferd wird sich bei entsprechend ruhigem Vorgehen und etwas Geduld bald an die Wippe gewöhnen und zügig über diese hinübermarschieren. Nun können Sie ihm beibringen, richtig vor- und zurückzuwippen!

Stellen Sie hierzu Ihr Pferd wieder mit allen vieren auf die Wippe und lassen Sie es dann so weit nach vorn gehen, bis die Wippe kippt. Loben Sie Ihr Pferd, warten Sie einen Moment und schicken Sie es dann wieder einen Schritt zurück, sodass die Wippe wieder zurückkippt.

Mit etwas Training wird Ihr Pferd den Dreh schnell herausbekommen und vielleicht auch bald entdecken, dass es nur sein Gewicht verlagern muss, um wippen zu können.

Etwas skeptisch betritt Shadow die Wippe.

Dann bewegt diese sich langsam nach unten.

„Huch!" Aber nach dem ersten Schreckmoment fand er es dann doch ganz lustig!

Rund und bunt: Ballspiele

Fußball spielen macht Pferd und Mensch nicht nur ungemein Spaß und lockert das Trainingsprogramm auf, sondern wirkt sich auch sehr positiv auf Geist und Körper aus. Der Reiter lernt, seine Hilfengebung zu verfeinern, und findet recht schnell zu einer effektiven, pferdefreundlichen Signalreitweise. Schüchterne und ängstliche Pferde erfahren die Möglichkeit, aktiv gegen ihre Ängste anzugehen, dem Angstgegenstand also wortwörtlich einen Tritt zu verpassen! Für diese Pferde ist es ein ungemeines Erfolgserlebnis, wenn sie auf den Ball zugehen und dieses furchterregende Ding dann vor ihnen weicht. Temperamentvolle, energiegeladene Pferde können im Fußballspiel ihre überschüssige Energie loswerden und lernen gleichzeitig, sich auf eine bestimmte Sache zu konzentrieren.

Leckerliball

Ort: befestigter Untergrund, zum Beispiel Putzplatz oder Spielpaddock
Material: Leckerliball mit Leckerli
Aufbauzeit: –
Schwierigkeitsgrad: 1–2

Einen Leckerliball findet man beim Hundezubehör unter dem Begriff „Snack Ball". Wählen Sie die größte verfügbare Ausführung, beispielsweise für Schäferhunde oder Bernhardiner.

Interessiert beschnuppern Balou und Soreno den Leckerliball, während er befüllt wird.

Soreno beäugt das neue Spielzeug interessiert …

… und stellt dann erstaunt fest, dass man es nur anschubsen muss, um an die Leckereien zu kommen.

Quarter-Horse-Stute Cheany zeigt Interesse an dem Ball, ist aber noch etwas skeptisch.

„Wow, Kekse!" Starlight ist bei seinen ersten Fußballversuchen wesentlich forscher und findet schnell Gefallen an dem Spiel.

Auf Shadow wirkt der Ball geradezu magnetisch, beim Fußball ist er stets mit Feuereifer bei der Sache.

Befüllen Sie vor den Augen Ihres Pferdes den Ball mit Leckerli und legen Sie ihn dann auf den Boden. Lassen Sie das Pferd daran schnuppern – es wird durch die Öffnung des Balls die Leckerli schnell riechen und versuchen, an diese heranzukommen. Lassen Sie es zunächst selbst ausprobieren. Nur wenn es nach fünf Minuten nicht selbst drauf kommt, rollen Sie den Ball ein wenig umher, sodass die ersten Leckerli herausfallen.

Der Leckerliball eignet sich auch gut dazu, die Fresszeit des Kraftfutters zu verlängern – besonders bei Pferden, die wenig Futter bekommen. Man sollte die Pferde aber immer im Auge behalten, damit weder der Leckerliball noch das Pferd bei zu wildem Spiel Schaden nehmen. Die Verletzungsgefahr ist groß, wenn der Ball splittert und das Pferd kleine Einzelteile verschluckt.

Pferdefußball

Ort: Reitplatz oder Round Pen
Material: Pferdefußball, Karotten
Aufbauzeit: –
Schwierigkeitsgrad: 2–3

Normale Gymnastikbälle eignen sich als Pferdefußbälle nur bedingt, da sie größeren Belastungen nicht standhalten und dann mit einem lauten Knall platzen. Ein Pferd, das einmal einen solchen Ball hat platzen hören, wird kaum wieder an einen Pferdefußball heranwollen.

Ich empfehle daher große Gymnastikbälle aus dem Sportfachhandel, die mit dem Anti Burst System (ABS) ausgestattet sind. Sie bestehen aus einer dicken, gummiartigen Membran. Wenn diese zum Beispiel durch einen Hufnagel oder spitzen Stein verletzt wird, platzt der Ball nicht mit einem lauten Knall, sondern die Luft entweicht einfach. Außerdem kann man bei diesen Bällen eventuelle Bruchstellen leicht mit einem Flickset reparieren. Ich habe jetzt seit sechs Jahren einen Ball, habe ihn auch schon mal geflickt – doch er ist immer noch einsatzfähig.

Für Ponys bis zu einem Stockmaß von 130 Zentimetern reicht ein Balldurchmesser von circa 70 Zentimetern, für größere Pferde sollte der Durchmesser etwa 100 Zentimeter betragen. Als Anhaltspunkt gilt: Der Ball sollte mindestens bis zum Buggelenk und maximal bis zum Halsansatz an der Brust des Pferdes reichen. So ist gewährleistet, dass das Pferd nicht im Eifer des Gefechts über den Ball stolpert.

Auf den ersten Blick ist so ein großer, quietschbunter Ball für ein Pferd zunächst einmal beängstigend. Daher müssen Sie Ihr Pferd ganz ohne Druck mit dem neuen Spielzeug vertraut machen.

Ein Helfer ist hierbei wieder sehr sinnvoll. Führen Sie Ihr Pferd einfach an den Ball heran und lassen Sie es den neuen Gegenstand aus allen Richtungen beäugen. Dann halten Sie ein Leckerli auf den Ball und geben es dem Pferd, sobald es den Ball mit der Nase berührt hat. Der Helfer rollt den Ball nun langsam einige Zentimeter weg. Führen Sie Ihr Pferd jetzt wieder in Ruhe auf den Ball zu. Der Helfer tut nichts weiter, als den Ball vor dem Pferd herzurollen. Loben Sie Ihr Pferd ausgiebig, solange es

den Ball ansicht oder sich irgendwie damit zu beschäftigen scheint.

Ihr Pferd hat nun also gesehen, dass der Ball sich durchaus bewegen kann – und immer „wegrennt", wenn es darauf zugeht.

Im nächsten Übungsschritt, den Sie allerdings erst einige Tage nach der ersten Begegnung mit dem Ball machen sollten, stellen Sie sich so vor Ihr Pferd, dass der Ball genau zwischen Ihnen und Ihrem Pferd liegt. Bieten Sie Ihrem Pferd eine Karotte an und bitten Sie es, einen Schritt nach vorn zu tun. Wenn es den Ball dabei mit einem Bein berührt, loben Sie es und geben ihm ein Stück Karotte. Dann bitten Sie um den nächsten Schritt. Sollte Ihr Pferd versuchen, um den Ball herum zu der Karotte zu kommen, tadeln Sie es nicht, sondern stellen Sie es einfach wieder in die Ausgangsposition und beginnen von Neuen. Es wird so schnell verstehen, dass der Weg zur Karotte nur „durch" den Ball führt.

Beginnen Sie dann im nächsten Trainingsschritt, das Kicken des Balls mit dem Stimmkommando „Kick" zu verbinden, und reduzieren Sie nach und nach die Leckerligaben.

Cheany lernt das neue Spielzeug kennen.

Balou ist mit großem Eifer dabei, aber das Rad ist für ihn fast ein wenig zu groß. Anstatt es zu kicken lernt er deshalb andere Spielvarianten …

… wie beispielsweise das Durchtauchen mit dem Hals.

Teufelsrad

Ort: Reitplatz oder Round Pen
Material: Teufelsrad, Karotten
Aufbauzeit: –
Schwierigkeitsgrad: 3–4

Eine Steigerung des Fußballspielens ist das Teufelsrad. Hierbei muss das Pferd wesentlich genauer kicken als beim normalen Fußball. Das Teufelsrad finden Sie in Spielwarengeschäften unter dem Namen „Wasserrad". Achten Sie unbedingt darauf, dass das Material möglichst robust ist.

Das Pferd wird genau wie beim Fußballspielen erst in Ruhe an den neuen Gegenstand gewöhnt. Besonders bunte Teufelsräder sind für die Pferde sehr interessant, da die Farbsegmente in den Kammern den Anschein erwecken, sich zu bewegen. Speziell für ängstliche Pferde eignet sich dieses Spiel, da sie lernen, aktiv auf ihre Ängste zuzugehen.

Angeborene Neugier: So sammeln schon Fohlen erste Erfahrungen mit unbekannten Gegenständen.

Spiel und Spaß für alle Pferde!

Alle Pferde spielen gern. Doch wie auch bei uns Menschen ändern sich die Spielvorlieben mit voranschreitendem Alter. Fohlen lieben andere Spiele als ältere Pferde. Auch zwischen Stuten und Hengsten oder Wallachen gibt es Unterschiede bei der Wahl des Lieblingsspiels. Und wie spielt man mit einem Turnierpferd? Sollten die vierbeinigen Hochleistungssportler überhaupt spielen, oder ist dies eher kontraproduktiv für ihre Leistung? Dieses Kapitel liefert Antworten auf diese Fragen.

Dieses Connemarafohlen hat offensichtlich Spaß am Apportieren – diese Vorliebe lässt sich später spielerisch zu einem Trick ausarbeiten.

Aber das beste „Spielzeug" für Fohlen ist und bleibt – ein anderes Fohlen!

Fohlen – gut gewappnet ins Leben

Während man früher Fohlen bis zum dritten Lebensjahr nahezu „wild" aufwachsen ließ und dann mit mehr oder minder brutalen Methoden „einbrach", geht der Trend heutzutage leider ins andere Extrem. Überambitionierte Pferdebesitzer trimmen schon Saugfohlen für Schönheitswettbewerbe oder wollen mit ihnen sogar Zirkuslektionen einstudieren.

Natürlich kann man auch Fohlen schon einige Kleinigkeiten beibringen. Diese Kleinigkeiten sollten sich aber bis zum ersten Geburtstag auf sehr einfache Basisübungen beschränken. Mit Saugfohlen sollte man meiner Ansicht nach nur Basislektionen (Halfter tragen, führen, putzen, Hufe geben) in Ruhe üben. Hierbei ist zu beachten, dass Saugfohlen eine Konzentrationsspanne von nicht einmal einer Minute haben. Wer sich dennoch mit seinem Junior beschäftigen möchte, kann ihm einfach das Zusammensein mit dem Menschen angenehm machen, indem er das Fohlen streichelt oder an schwer erreichbaren Stellen krault. Solange das Fohlen freiwillig (ohne Strick und Halfter!) im Paddock oder auf der Weide beim Menschen bleibt, ist alles im grünen Bereich.

Mit Absetzern kann man das Basistraining schon etwas erweitern. Da sie eigentlich noch vor nichts Angst haben, kann man ihnen auch mal einen Fußball, eine Plastiktüte und eine Fahne zeigen und Kleinigkeiten wie das Fußballspielen gelegentlich drei bis vier Minuten am Tag versuchen. Allerdings sollte man auch mit diesen Pferdekindern nicht jeden Tag exerzieren. Ein Tag auf der Weide mit Gleichaltrigen macht ihnen wesentlich mehr Spaß und ist für ihre gesunde körperliche und geistige Entwicklung viel wichtiger!

Jungpferde – mit Spaß das Lernen lernen

Als Jungpferd bezeichne ich Pferde vom Jährling bis zum Fünfjährigen. Bei spätreifen Rassen wie Islandpferd, Kaltblüter, Barockrassen und Arabern sollte man auch noch das sechste Lebensjahr dazunehmen.

Die Konzentrationsfähigkeit dieser Jungspunde ist noch nicht sonderlich hoch und muss durch sorgsames, dem Alter entsprechendes Training und geduldige Erziehung langsam gesteigert werden. Ein Jährling kann mit 20 Minuten Round-Pen-Arbeit schon komplett überfordert sein!

Im Alter von einem Jahr bis zu zwei Jahren können einige einfache „Benimmregeln" zwischen Pferd und Mensch aufgestellt werden. Zwischendurch kann es den Pferden viel Spaß machen, Fußball an der Hand zu spielen oder sich an einfachen Lektionen im Naturtrail zu versuchen. Aber auch hier sollte die Dauer der Beschäftigung zehn Minuten nicht überschreiten, das Putzen schon fast dazugerechnet. Dadurch versteht es sich von selbst, dass man mit diesen Jungpferden höchstens alle zwei Tage eine kleine Übung ein- bis zweimal üben kann. Auch in diesem Alter ist es für die Pferde wesentlich wichtiger, mit Artgenossen auf einer großen Weide spielen zu können, als mit den Menschen „Menschenspiele" zu üben.

Ab dem zweiten Lebensjahr kann man jedoch vorsichtig und spielerisch mit der Ausbildung des Jungpferdes beginnen. Zirkuslektionen sollte man sich zu einem Großteil auch jetzt noch verkneifen, da das junge Pferd noch voll im Wachstum ist und kein gutes Gleichgewichtsgefühl hat. Die Gefahr ist groß, das Pferd körperlich und geistig zu überfordern. Den Zauberteppich, das Fußballspielen und auch das Aufsteigen mit zwei

Eine solide und breit gefächerte Basisausbildung an der Hand kann schon mit jungen Pferden ab dem zweiten Lebensjahr begonnen werden.

Junge Pferde bewegen sich gern und viel – daher sollten sie dazu ausreichend Möglichkeit haben!

Beinen auf ein niedriges Podest (maximal 20 Zentimeter hoch) kann man aber zur Abwechslung schon mal in den Trainingsplan einbauen. Das Apportieren sollte man noch zurückstellen, da das junge Pferd noch nicht differenzieren kann, was es dann apportieren darf und was nicht, und deshalb irgendwann in alles hinein beißen könnte – inklusive Ihrer Schulter!

Normalerweise sind junge Pferde mit drei oder vier Jahren zumindest körperlich recht ausgewachsen und können nun schonend auf ihren „Job" als Reitpferd vorbereitet werden. Gerade zu Beginn der Ausbildung sollte man nun nicht zu viel Abwechslung hineinbringen. Dies könnte das junge Pferd, für das ja wirklich alles neu und auch interessant ist, eher verunsichern und verwirren, als dass es für Spaß sorgt.

Bei Starlight legten wir zuerst großen Wert auf eine solide Basisausbildung an der Longe, als Handpferd und unter dem Reiter. Die Ausbildung an der Longe und als Handpferd begann für ihn im Alter von zwei Jahren und neun Monaten. Als Dreijähriger wurde er dann, als der Tierarzt zugestimmt hatte, schonend angeritten. Nach etwa einem halben Jahr soliden Basistrainings folgte eine Reitpause von drei Monaten, in denen ich mit Zirkuslektionen, Doppellonge und Arbeit am langen Zügel begann. So kam Starlight bei all den neuen Sachen nicht durcheinander, beherrscht mittlerweile auch etliche Zirkuslektionen und macht sich auch an Doppellonge und Langzügel sehr gut. Jetzt, im Alter von fünf Jahren, sind bereits Ansätze zu Lektionen der Hohen Schule sichtbar, die wir in den kommenden Jahren schonend fördern werden.

Turnierpferde – Coolness durch Abwechslung

Die Erfolge unseres Starlight mittlerweile auf internationalen Westernturnieren kommen natürlich nicht nur vom Fußballspielen daheim. Es steckt eine Ausbildung mit Herz und Verstand und jede Menge solider Arbeit unter dem Sattel dahinter. Wenn ich sehe, wie unglaublich hart andere Turnierpferde herangenommen werden, die unser recht verwöhnter „kleiner Prinz" dann mit Leichtigkeit in der Prüfung hinter sich lässt – dann frage ich mich, wieso nicht auch endlich andere Reiter erkennen, dass der Schlüssel zum Erfolg nicht nur im Training, sondern auch in der Motivation der Pferde liegt.

Aus heiterem Himmel springt der Connemarahengst ohne Aufforderung einfach mal so über den Tisch – weil er Spaß daran hat. Wenn ein Pferd so viel Feude am Springen zeigt, wird sich das auch positiv auf seine Turnierkarriere auswirken!

Ein Pferd, das ständig mit unsanften Mitteln in den immer gleichen Lektionen trainiert wird, verdummt nicht nur geistig, sondern wird auch auf dem Turnier unmotiviert sein. Ich bin davon überzeugt, dass Starlight seine Erfolge nicht nur seinen Genen und dem guten Reittraining verdankt, sondern vor allem der Tatsache, dass er Spaß hat an dem, was er tut. Er ist immer mit 100 Prozent bei der Sache und gibt sein Bestes.

Viele andere Turnierpferde laufen nur aus einem Grund: panische Angst vor der Strafe des Reiters, wenn etwas schiefgeht. Doch die Leistung dieser Pferde ist nie konstant und selten auch noch steigerbar. Sie haben auch gar keinen Grund, ihr Bestes zu geben – sie werden ja nicht dafür belohnt. Viele dieser Pferde resignieren irgendwann – aber es gibt auch jene, die kämpfen, die dann in ihrer Verzweiflung beispielsweise steigen und sich nach hinten überschlagen, um den unliebsamen Reiter endgültig loszuwerden. Aber weder das völlig resignierte Pferd noch jenes, das seinem Hass auf den Menschen berechtigterweise freien Lauf lässt, wird je seine volle Leistung erbringen können.

In anderen Sportarten hat man längst erkannt, dass jeder Hochleistungssportler neben seinem wettkampfspezifischen Training auch einen physischen und psychischen Ausgleich braucht. Man redet dann vom „Ausgleichssport". Welches Turnierpferd hat jedoch die Gelegenheit, einen Ausgleichssport zu betreiben und auch einen geistigen Ausgleich zu seinem anstrengenden Job zu genießen? Einige wenige Pferde in der Turnierwelt haben diesen Ausgleich, und oft sind es jene Pferde, die seit vielen Jahren an der Spitze mitmischen und bei denen man das Gefühl hat, sie sind wirklich mit Spaß bei der Sache. Es sind meist jene Turnierpferde, die zu Hause regelmäßigen Weidegang genießen, mindestens einmal pro Woche einen gemütlichen Ausritt erleben dürfen und die auch regelmäßig an den Longen gearbeitet werden. Diese Pferde sind körperlich und geistig ausgeglichen und erleben mit ihren Reitern auch immer wieder schöne, entspannende Momente. Wenn es dann auf dem Turnier darauf ankommt, neigen sie eher dazu, sich auch mal zusammenzureißen und dem Reiter zuliebe die Sache durchzuziehen. Außerdem bleiben sie meist gelassener, weil sie einerseits durch ihre vielseitige Ausbildung auch an der Hand und im Gelände weniger schreckhaft sind und andererseits vor ihrem Reiter keine Todesangst entwickeln, wenn dann auf dem Turnier doch mal etwas misslingt.

Ist also Spiel und Spaß für Turnierpferde geeignet? Ich würde sagen: auf jeden Fall! Bei der Auswahl der Spiele sollte man darauf achten, dass deren Idee und Ausführung nicht gerade dem widerspricht, was man auf dem Turnier zeigen soll. Ein Trailpferd beispielsweise soll ja auf keinen Fall die Stangen berühren. Ihm das Balancieren auf einem Balken beizubringen, könnte auf dem Turnier dann zwar für Publikum und Richter sehr amüsant sein. Doch wenn das Pferd über die Trailstangen balanciert, anstatt die geforderte Lektion auszuführen, wird von den Chancen auf eine Platzierung nicht mehr viel übrig sein.

Der Wallach Tarife lernte mit 25 Jahren noch das Fußballspielen – und war mit Feuereifer bei der Sache.

Alte Pferde – Spielen hält jung

Nicht alle Pferde haben so viel Glück wie Soreno und Balou, zwei unserer Models für dieses Buch. Beide waren schon etwas betagt, als sie ihren Dienst als Schulpferde auf der Red Rock Ranch antraten. Heute genießen sie dort ihr „Rentner-Fit-Programm". Sie werden nur noch sehr dosiert im Reitbetrieb eingesetzt, sind aber ins Geschehen auf der Ranch voll integriert. Beide sind vielleicht gerade deshalb sowohl körperlich als auch geistig noch rundum fit. Aber leider ist dies nicht überall so selbstverständlich. Ich habe es schon oft erlebt, dass ältere Pferde einfach abgeschoben wurden, nur weil man sie nicht mehr reiten konnte oder weil sie ihrem Besitzer einfach nicht mehr repräsentativ genug waren. Da es keine kostenlosen Altersheime für Pferde gibt, endet der Weg des treuen Gefährten nicht selten in der Hundefutterdose.

Alte Pferde einfach abzuschieben, nur weil man sie nicht mehr „nutzen" kann, zeugt davon, wie unglaublich grausam und gleichgültig Menschen sein können. Anders sieht dies natürlich aus, wenn ein altes Pferd an schweren körperlichen Gebrechen leidet, die dauerhaft Schmerzen verursachen und die nicht mehr behandelt werden können. Dann ist eine Erlösung auch meiner Ansicht nach das Beste, was man noch tun kann – auch wenn die Entscheidung dazu sicherlich schwerfällt.

Mit insgesamt gesunden älteren Pferden kann man allerdings noch sehr viel Spaß haben. Und es sollte selbstverständlich sein, dem treuen Kameraden nach vielen Jahren des gemeinsamen Weges und der gemeinsamen Erfolge einen schönen Lebensabend zu bieten. Dabei ist es nicht damit getan, den Senior auf einen Gnadenhof abzuschieben. Gerade ehemalige Turnierpferde, die ihr Leben lang das tägliche Training und den täglichen Zuspruch des Menschen gewohnt waren, verkümmern dann binnen weniger Monate.

Auch alte Pferde brauchen eine Aufgabe. Auch sie wollen das Gefühl haben, immer noch wichtig zu sein und gebraucht zu werden. Wenn Sie mit Ihrem Senior einige Lektionen aus diesem Buch einstudieren wollen, sollten Sie vorab durch den Tierarzt abklären lassen, welche Übungen aufgrund der körperlichen Verfassung des Pferdes noch folgenlos machbar sind. Gerade Arthrosepatienten tut ein gewisses Maß an Bewegung sogar noch gut. Wenn Sie mit den Lektionen beginnen, sollten Sie Ihrem Senior aber ausreichend Zeit lassen, die neuen Bewegungen zu erfassen. Ältere Pferde sind zwar meistens hoch motiviert, etwas Neues zu lernen – aber sie brauchen einfach etwas länger, Dinge zu begreifen und dann auch umzusetzen als ein jüngeres Pferd.

Die meisten älteren Pferde leiden an einer gewissen Steifheit der Gliedmaßen oder auch an leichter Arthrose, sodass sich dann das Einstudieren beispielsweise von schwierigeren Zirkuslektionen wie Kompliment und Liegen von selbst verbietet. Auch beim Podest sollte man bei Problemen mit den hinteren Gliedmaßen sehr vorsichtig sein, da diese hierbei stärker belastet werden.

Nehmen Sie sich vor allem Zeit mit Ihrem Senior. Ältere Pferde genießen es sehr, auch mal eine oder zwei Stunden einfach nur liebevoll umsorgt zu werden, und entwickeln teilweise mit voranschreitendem Alter eine große Anhänglichkeit. Neben den hier vorgestellten Spielen können Sie Ihrem Senior auch mit regelmäßigen Spaziergängen eine große Freude machen. Und wenn es nur eine halbe Stunde am Tag ist – Ihr Senior wird es Ihnen danken, mal wieder die Welt außerhalb der gewohnten Umgebung zu Gesicht zu bekommen.

Auch wenn Ihr altes Pferd optisch irgendwann nicht mehr viel mit dem umjubelten Turnierkracher gemeinsam hat, der er einmal war: Denken Sie immer daran, was dieses Pferd alles für Sie getan hat. Es hat Sie jahrelang auf seinem Rücken getragen, obwohl seine Anatomie beim besten Willen nicht dafür ausgelegt ist. Es hat dadurch seine Knochen und Gelenke schneller abgenutzt als in der Natur. Es hat Sie in all den Jahren sicherlich auch zu einem besseren Menschen erzogen, war Ihnen ein Freund in guten und in schlechten Zeiten. Und es bescherte Ihnen bestimmt auch viele Glücksmomente.

Jetzt ist es alt, und nun haben Sie die Gelegenheit, sich bei Ihrem Pferd zu revanchieren. Sorgen Sie dafür, dass Ihr Pferd auch jetzt in der Dämmerung seines Lebens noch viele schöne Momente des Glücks erleben darf.

Hengste – verspielte Männer

Über das spezielle Wesen der Hengste und über den hengstgerechten Umgang müsste man ein eigenes Buch schreiben. Dennoch kann man hier kurz zusammenfassen: Hengste sind besser als ihr Ruf! Meist sind sie sehr sensibel und gar keine so großen Machos, wie ihre Besitzer es vielleicht gern hätten.

Hengste wollen ihren Platz im Leben kennen. Nur Spiel und Spaß und Leckerli wird

Hengste sind allgemein sehr verspielt und Neuem gegenüber sehr aufgeschlossen.

Für die typischen Hengstspiele, die die Natur vorsieht, sind wir Menschen nicht geschaffen.

Echte Männerfreundschaft: Auch wenn Minishetty-Hengst Filippo kaum halb so groß ist wie Shadow, will er als vollwertiger Hengst ernst genommen werden!

auf Dauer nicht funktionieren. Klare Regeln, Konsequenz und Fairness, das sollte im Umgang mit Hengsten stets an oberster Stelle stehen – wie bei jedem anderen Pferd auch.

Dabei darf aber mit der Dominanz nicht maßlos übertrieben werden. Ein Hengst, der nur „untergebuttert" wird (was man leider gerade bei Turnierhengsten oft sieht), verliert seine Ausstrahlung und auch seinen Leistungswillen. Wenn jedoch die Rahmenbedingungen stimmen und der Hengst artgerecht gehalten wird, seinem Trieb nachkommen darf (sprich: Er darf decken!) und fachkundig mit ihm umgegangen wird, dann kann man natürlich auch mit ihm spielen, und viele Hengste nehmen diese Abwechslung mit Feuereifer an.

Die meisten Spiele in diesem Buch kann man mit einem Hengst absolut gefahrlos einstudieren. Lediglich beim Apportieren und bei Fangspielen sollte man aufgrund der typischen „Hengstmanieren" etwas Vorsicht walten lassen. Da Hengste ihre Rangkämpfe auch durch gezieltes Beißen und Herunterziehen des Gegners ausfechten, läuft man Gefahr, ihnen beim Apportieren das gezielte Zuschnappen beizubringen. Fangspiele könnten vom Hengst, der in der Natur seine Herde vor sich hertreibt, so interpretiert werden, dass er nun ebenfalls in der treibenden und damit in der ranghöheren Position ist. Wer ein bisschen mehr aufpasst und das Spiel nicht zu wild werden lässt, kann es aber mit einem gut erzogenen Hengst problemlos spielen.

*Was auch immer Sie für Pläne mit Ihrem Pferd haben: Achten Sie stets darauf, dass es Spaß hat an dem, was es tut.
Denn nur ein motiviertes Pferd kann Höchstleistungen erbringen!*

Schlusswort

Ich hoffe, dass dieses Buch Ihnen etwas Abwechslung in den Alltag mit Ihren Pferden bringen wird. Man kann sich auf viele unterschiedliche Arten mit Pferden beschäftigen. Für mich persönlich nimmt das Reiten dabei nur einen Anteil von etwa 20 Prozent ein. Denn nur wenn mehrere Faktoren ideal zusammentreffen, ist ein harmonisches und erfolgreiches Reiten überhaupt möglich. Diese Voraussetzungen schaffen Sie am Boden.

Im Round Pen überzeugen Sie das Pferd in seiner Sprache davon, dass Sie ein Chef sind, auf den man sich verlassen kann. Bei der Bodenarbeit schaffen Sie Vertrauen und erweitern Ihren Status als gute Führungspersönlichkeit. Mit den in diesem Buch vorgestellten Spielen können Sie Ihrem Pferd nun zeigen, dass die Welt sich nicht nur immer um Sie dreht, sondern dass auch Ihr Pferd mal im Mittelpunkt stehen darf. Und Sie zeigen ihm, wie schön es ist, mit Ihnen zusammen Spaß zu haben.

Sind diese Voraussetzungen erst einmal geschaffen, dann ist auch ein harmonisches Reiten schon bald eine Selbstverständlichkeit!

Anhang

Dankeschön

Ohne zahlreiche Helfer und vier- und zwei-
beinige Models wäre dieses Buch nicht zu
realisieren gewesen. Deshalb bedanke ich
mich ganz herzlich bei:

- dem Team der Red Rock Ranch in Her-
  bolzheim (www.redrockranch.de) – hier
  sind die meisten der in diesem Buch ge-
  zeigten Bilder entstanden –, insbesondere
  bei Dieter und Jim Hämmerle sowie Katja und Svenja Schäfer mit ihren Pferden
  Sunflower, Cheany, Kitty, Blue, Balou,
  Blacky und Speedy

- dem Team der Mocha Oak Ranch
  (www.mor-ranch.de)

- meinen beiden Pferden Starlight und Shadow, die geduldig und eifrig alle Spiele in
  diesem Buch getestet und für gut befun-
  den haben

- meinen Ehemann Ingo Ehrmeier für die
  tatkräftige Unterstützung beim Ausprobieren der Spiele und Basteln der Spielsachen

- der Fotografin Christiane Slawik, die es
  wieder einmal geschafft hat, eine gute Idee
  in grandiosen Bildern festzuhalten

Kontakt

Ambitionierten Freizeitreitern bieten wir mit
unserem Ausbildungssystem (Pegasus System) in verschiedenen Kursen die Möglichkeit, mit ihrem Pferd einen spielerischen
Weg zu einer vertrauensvollen Partnerschaft
zu beschreiten. Wir gehen dabei nicht nach
„Schema F" vor, sondern finden für jedes
Pferd-Mensch-Paar die passende Lösung.

Weitere Infos:
www.pegasus-system.com
(das Ausbildungssystem)
www.shadow-show-team.com
(mehr über Shadow und Karin und ihre
Shows)
www.quarter-pony.de
(mehr über Quarter-Pony-Hengst Blues
Starlight)

Karin Tillisch
Auf der Golz 4
77887 Sasbachwalden
Telefon und Fax: 07841 280519
(täglich 9 bis 19 Uhr)

Register

Absetzer 70

Abwechslung 13, 77

Aggressionsabbau 25

Alte Pferde 74

Angst 17, 65, 68

Anti-Schreck-Training 28, 53

Apportieren . . . . 42 ff., 76

Ausgeglichenheit 25, 73

Ausgleichssport 73

Ausrüstung 19

Ballspiele . . . . 65 ff.

Baseballkappe 44

Beinschutz 54

Benimmregeln 71

Druck, psychischer 16

Eimer 38

Einsteiger, Spiele für . . . . 25 ff.

Fluchtreflex 63

Fohlen 70

Fußball . . . . 65 ff.

Futterdressur 29

Geschicklichkeit 54

Glück 11

Grundbedürfnisse 11

Hengste 75

Hilfestellung 21

Hopsball 47

Imitieren 20, 25

Jacke 45

Jährling 71

Jungpferd 71

Karton 33

Kreisel 47

Laufspiele . . . . 49 ff.

Lebensabend 74

Leckerli . . . . 22 ff.

Leckerliball 65

Leistungszwang 19

Lernen . . . . 20 ff.

Lernprozess 22

Motivation 72

Partnerschaft 11

Podest 54

Podest, Absteigen 57

Podest, Aufsteigen . . . . 56 f.

Pylone 27, 35

Raubtier . . . . 14 ff.

Round-Pen-Arbeit 50

Ruhezone 21

Rüpeleien 50

Schwebebalken . . . . 58 ff.

Selbstbewusstsein 17

Sicherheit 18

Signalreitweise 65

Spaßgesellschaft 18

Spielatmosphäre 19

Spielgeräte, Anordnung 19

Spielplatz 19

Stress 14

Teppich 29

Tischdecke 53

Trailaufgaben 51

Traktorreifen 55

Tricklektionen 42

Trinkflasche 39

Turnier 17

Turnierpferde 72

Verhalten, unerwünschtes 23

Wasserrad 68

Wasserzuber 33

Wettkampf 16

Wippe . . . . 61 ff.

Zirkuslektionen 18, 41